KB147468

딜리셔스 벅스

미래 식량, 식용 곤충 이야기

서은정
류시두 지음

리잼

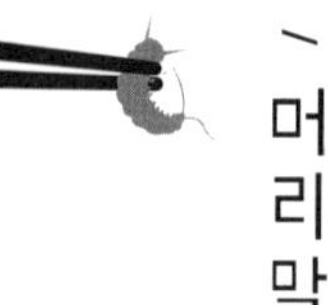

머리말

사람들은 묻는다. 맛있는 것도 많고,
먹을 것도 많은데 왜 곤충을 먹느냐고 말이다.

지구상 최대의 생물 군단인 곤충이 일상 음식으로 우리 식탁에 성큼 다가오고 있다. 영화 〈설국열차〉에서 보았던 곤충으로 만든 양갱처럼 생긴 음식이 어쩌면 불가능하지 않겠다는 전망이다. '미래 슈퍼 푸드'로 불리는 식용 곤충은 우리나라뿐 아니라 전 세계에서 주목하는 식량이다. 최근 우리나라에서는 식용 곤충을 이용해서 요리를 만드는 일을 볼 수 있다. 예전에 "어떻게 곤충을 먹어?"라고 깜짝 놀란 사람들이 이제는 "아! 곤충도 좋은 식량이 될 수 있구나?" 말하는 시대가 곧 다가오는 것이다.

우리는 물질적으로 인류 역사상 가장 풍요로운 시대에 살고 있다. 적절한 돈을 내기만 하면 언제든 맛있고 먹음직스러운 음식을 먹을 수 있는 환경에 있다. 그러나 맛있는 음식 속에 '건강함'도 포함될까? 알록달록한 빛깔을 내는 그 맛있는 음식 속에 무엇이 들어있을까. 우리가 먹는 맛있는 음식 안에는 화학적으로 만든 식품 첨가물이 가득하기도 하고, 좁은 우리 안에 가둬두면서 키운 가축을 재료로 하기 위해 필수적으로 넣을 수밖에 없는 항생제와 성장촉진제가 들어있기도 한다. 어쩌면 이 음식을 만들기 위해 아마존 열대

우림은 파괴되고 그곳 사람들은 삶의 터전을 잃을 수 있다.

음식은 단순히 '먹을거리'가 아니다. 우리의 삶이고, 자연의 일부이고, 누군가에게는 경제생활을 하게 하는 원천이다. 음식은 환경, 경제, 사회와 밀접하게 관련된다. 이제 우리는 음식을 먹을 때, 맛뿐만 아니라 우리의 삶을 더 건강하게 하는지, 자연에 해를 끼치는 것은 아닌지, 지구에 사는 누군가에게 행복을 가져다주는 것인지를 살펴보아야 한다.

우리는 이 수많은 질문에 완벽한 답을 주려는 것이 아니다. 어쩌면 그 질문에 대한 완벽한 답은 존재하지 않을 수 있다. 그런데 한 대안으로서 우리는 '곤충을 먹는 것'을 생각해 볼 수 있다. 곤충을 먹는 것에 머리를 절레절레 흔들며 낯섦을 표현할 수 있다. 어떻게 파리를 먹느냐는 질문을 하는 사람도 있다. 하지만 우리는 식용 곤충에 대한 다양한 생각을 가진 사람들이 따뜻한 마음으로 식용 곤충을 바라보기를 희망하는 마음을 담아 이 책을 썼다. 이 책이 그동안 우리가 가지고 있던 곤충에 대한 오해를 풀고, 식용 곤충이 앞으로 왜 지구의 식량난 해결에 도움을 주는지, 알려주는 길잡이가 될 것이라 믿는다.

서은정, 류시두

미래의 슈퍼 푸드, 곤충!
곤충과 육류가 인간의 몸에서 하는 역할은 같다!

목차

머리말 2

일러두기 <용어 정의> 6

chapter 1 곤충이 식량 자원이 될 수 있을까? 17

chapter 2 우리나라에서 먹을 수 있는 '식용 곤충'은? 39

chapter 3 옛 조상들은 어떤 곤충을 먹었을까? 71

chapter 4 해외에서는 어떤 곤충을 먹을까? 97

chapter 5 곤충은 영양 면에서 어떨까? 147

chapter 6 곤충! 주로 어디에 사용됐나? 169

chapter 7 곤충이 환경오염을 줄여줄까? 191

참고문헌 206

식용 곤충

식용이란 '먹을 수 있는' 또는 '사람이 먹어도 되는', '먹는 용도'를 말한다. 곤충은 다양한 곳에서 이용되는데, 그중 사람이 음식으로써 사용 가능한 곤충을 뜻한다. 이 책에서는 식용 곤충을 먹을거리로써 곤충, 식품으로써 곤충, 식재료인 곤충 등의 의미로 사용하였다. 우리나라에도 '먹을 수 있는 곤충'이 있다. 총 7종이다. 벼메뚜기 성충, 쌍별귀뚜라미 성충, 누에 번데기, 백강잠, 갈색거저리 유충, 흰점박이꽃무지 유충과 장수풍뎅이 유충이 그 7종이다. 자세한 내용은 <우리나라에서 먹을 수 있는 '식용 곤충'은?> 장에 있다.

벼메뚜기 성충

쌍별귀뚜라미 성충

누에 번데기

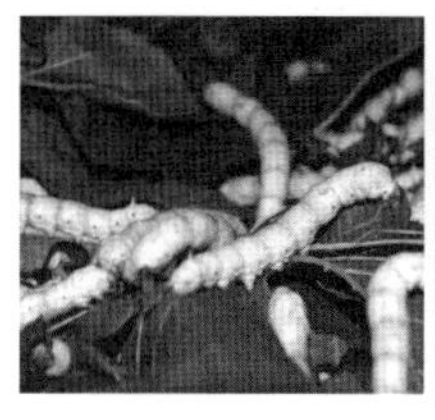

백강잠

갈색거저리 유충

흰점박이꽃무지 유충

장수풍뎅이 유충

곤충 소비

곤충을 먹는 행위는 본래 식충성(食蟲性)이라고 불린다. 곤충을 먹는 습성을 한자 그대로 옮기면 식충성이라 불리는 것이 맞지만, '충'이라는 단어가 주는 어감이 그리 좋지 않다. 그래서 어떤 책에서는 '곤충 소비'라고 부르기도 한다. 곤충 소비는 식충보다 더 범위가 넓다. 식충은 곤충을 먹는 습관이지만 곤충 소비는 곤충을 먹지 않는 것까지 포함할 수 있다. 곤충을 취미로 키운다든지, 장식으로 둔다든지 등의 이유로 곤충을 살 수 있기 때문이다. 그래서 이 책에서는 식충성이라는 말은 사용하지 않고 곤충 소비 또는 곤충을 먹는 습성 등 그때 사용한 의미를 고려하여 적합한 말을 사용하였다.

- ☑ **별명이 없는 식용 곤충:** 벼메뚜기 성충, 누에 번데기, 백강잠
- ☑ **별명이 있는 식용 곤충:** 쌍별귀뚜라미 성충, 장수풍뎅이 유충, 흰점박이꽃무지 유충, 갈색거저리 유충

이로써 네 개의 새로운 이름이 생기게 되었다. 쌍별귀뚜라미(쌍별이), 장수풍뎅이 유충(장수애), 흰점박이꽃무지 유충(꽃벵이, 굼벵이), 갈색거저리 유충(고소애). 이 책에서는 네 가지 식용 곤충의 이름과 별명을 모두 사용한다.

식용 곤충의 별명

농림축산식품부와 농촌진흥청에서는 식품원료로 사용될 수 있는 곤충에 대한 소비자 인식을 개선하기 위해서 식용 곤충으로 인정된 7종 중에서 4종 곤충에게 새로운 이름을 지어주었다. 정식 명칭은 아니지만 친근하여 자주 불리고 있다.

☑ **쌍별귀뚜라미 성충:** 쌍별귀뚜라미*Gryllus bimaculatus*는 앞날개 부분에 노란 점이 있어서 영어로 'two-spotted cricket'이라고 한다. 이 귀뚜라미의 가장 큰 특징인 두 개의 노란점! 이것에서 아이디어를 얻어 '쌍별이'라는 새로운 이름이 생겼다.

☑ **장수풍뎅이 유충(애벌레):** '장수풍뎅이 유충'의 앞 두 자인 '장수(將帥)'는 군사를 거느리는 우두머리 또는 몸집이 크고 힘이 뛰어나게 센 사람을 뜻한다. 장수풍뎅이의 이름은 몸집이 큰 모습에서 붙여진 이름이다. 이 '장수'는 얼핏 들으면 오래 산다는 의미를 가진 '장수(長壽)'와 소리가 같다. 장수애는 '식용으로 이용하면 건강하게 장수할 수 있도록 도와주는 애벌레'라는 뜻이다.

☑ **흰점박이꽃무지 유충(애벌레):** 사람들은 흰점박이꽃무지의 애벌레가 기어 다니는 모습을 보고 '굼벵이'라고 불렀다. 농림축산식품부는 식용 곤충 이름짓기 공모전을 열었는데, '흰점박이꽃무지 유충'은 '꽃벵이'라

는 갖게 되었다. 아름다운 흰점박이가 마치 꽃과 같아서 붙여진 이름이다.

☑ 갈색거저리 유충(애벌레): 갈색거저리의 애벌레는 흔히 밀웜이라 부르기도 하는데 이는 영어 밀웜(mealworm)에서 유래한다. 대국민 공모에서 '고소애'라는 이름을 갖게 되었다. 갈색거저리 유충은 감칠맛이 나고 씹을수록 고소한 맛이 나기 때문이라고 한다.

일반식품 원료로 인정하다

우리나라에는 옛날부터 먹어왔던 곤충과 새롭게 먹을 수 있는 식품으로 인정받은 곤충이 있다. 옛날부터 먹어왔던 곤충은 벼메뚜기 성충, 누에 번데기, 백강잠이다. 일반 식품으로 인정받은 곤충은 2016년 일반식품이 된 쌍별귀뚜라미 성충, 갈색거저리 유충, 흰점박이꽃무지 유충과 장수풍뎅이 유충이 있다. 이들은 모두 우리나라 식품공전에 등재되어 있어서, 당당하게 식품으로 인정받고 있다.

여기서 일반식품과 한시적 식품에 대해 알아보자. 일반식품으로 인정된 것과 한시적 식품으로 인정된 것은 다르다. 일반 식품으로 인정된다는 것은 누구나 이 곤충을 원료로서 식품으로 생산할 수 있다. 따라서 중금속 함량 등 식용 곤충에 대한 엄격한 규격이 있다. 한시적 식품은 특정 조건에서만 식품으로 허가하는 것이다. 허가를 받은 사람만 사용할 수 있으며, 독점적인 면이 있다. 우리나라에서는 앞에서 말한 7종 곤충을 '일반식품'으로 인정하였다. 그래서 사람들은 이 7종 곤충을 직접 키울 수 있고, 사고팔 수 있다. 또 사람이 먹을 직접 식품으로, 동물에게 줄 사료로도 사용할 수 있다.

☑ **오래전부터 '일반 식품'이 된 곤충류:** 벼메뚜기 성충, 누에 번데기, 백강잠

☑ **한시적 식품에서 '일반 식품'으로 전환된 곤충류와 시기:**

* 2016년 3월-고소애(유충), 귀뚜라미 성충
* 2016년 12월-장수풍뎅이 유충, 흰점박이꽃무지 유충

유충/약충(애벌레)

'유충(larva, 幼蟲)'과 '약충(nymph, 若蟲)'은 모두 애벌레를 말한다. 곤충의 성장단계에서 번데기 단계를 거치는 애벌레를 유충, 번데기 단계를 거치지 않은 애벌레를 약충이라고 한다. 곤충은 알에서 깨어 다 자랄 때까지 시기에 따라 여러 가지 모양을 한다. 이것을 모양이 변한다고 하여 변태(metamorphosis)라고 부른다. 곤충은 '알-애벌레(유충)-번데기-어른 곤충'의 변태를 겪는다. 애벌레가 어른 곤충이 될 때, 번데기를 거치면 '완전 변태'라고 한다. 이때 애벌레를 '유충'이라고 부른다. 어떤 곤충은 '알-애벌레(약충)-어른 곤충'이 되기도 한다. 번데기를 거치지 않으므로 '불완전 변태'라고 한다. 이때 애벌레를 '약충'이라고 부른다.

유충과 약충은 모두 애벌레이다. 애벌레는 순우리말로서 알아서 나온 후 아직 다 자라지 않은 곤충을 말한다. 아쉽게도 유충에 해당하는 또는 약충에 해당하는 순우리말은 없다. 이 글에서는 애벌레가 이들을 부르는 순우리말이기 때문에 유충과 약충 모두 애벌레라고 불렀다. 그러나 유충/약충을 구분해야 할 때, 이 둘을 구분하고자 유충 또는 약충을 사용하기도 하였다. 그래서 이 글에는 유충/약충, 애벌레가 모두 등장한다.

성충(어른 곤충)

성충(imago, 成蟲)은 '다 자란 곤충'을 말한다. 어른 곤충을 성충이라고 부른다. 성충이 되면 생식기가 발달하므로 암수가 만나 짝짓기를 할 수 있다. 짝짓기 후에는 알을 낳아 번식할 수 있는데, 성충은 알을 낳아 다음 세대를 준비한다.

해충/익충

우리는 우리에게 해를 끼치는 곤충을 해충, 여러 가지 혜택을 주는 곤충을 익충이라 부른다. 자연에서 보면 어떤 곤충이 좋은지, 해로운지 그 잣대가 명확하지 않다. 저마다 자연에서 자신이 하는 역할이 있기 때문이다. 해충의 대표적인 예가 모기라면 그 모기가 자연에서 하는 역할이 있다. 우리가 생각하기에 모기란 없어져야 할 생물이지만, 자연에서는 그 생태적 지위가 필요할 수 있고 또 필요 없다고 할지라도 아직 밝혀지지 않을 뿐 우리가 모르는 것일 수 있다.

지극히 인간중심적일 수 있으나 이 책은 식용 곤충 즉, 사람들이 먹을 수 있는 곤충에 대해서 알리는 것을 주요 목적으로 두기 때문에, 해충이라는 단어를 사용한다. 평소 해충이라는 단어는 자주 사용하여 익숙하지만, 익충은 그렇지 않다. 그래서 익충은 그것과 같은 의미인 '이로운 곤충'과 섞어서 사용하였다.

벌레/곤충

벌레와 곤충은 일상에서 흔히 혼동해서 사용하는 용어다. 벌레는 순우리말이고 곤충(昆蟲)은 한자어인 것으로 아는 사람도 있지만, 이는 오해이다. 벌레는 외형이 작고 꿈틀대는 것들을 이르는 말로, 사전적 정의는 곤충이나 미생물 등을 통틀어 부르는 말이다. 곤충은 동물 분류상 절지동물 곤충강에 속하는 소동물을 총칭하는 말로, 생물을 분류의 한 부분에 속한다. 곤충의 특징은 주로 다리가 3쌍이며 몸이 머리, 가슴, 배 세 부분으로 나누어지는 것이다.

귀뚜라미를 예로 들어 살펴보자. 귀뚜라미는 곤충인

가? 그렇다. 귀뚜라미는 다리가 머리, 가슴, 배의 세 마디가 있고 다리가 여섯 쌍이다. 분류도 곤충강에 속하므로 곤충이다. 그렇다면 귀뚜라미는 벌레일까? 정확히 잘 모른다. 벌레라는 단어는 명확한 동물 분류 체계상의 용어가 아니므로, 무언가가 벌레이다 아니라고 과학적으로 판단할 순 없다. 다만 사람들이 생각하기에 벌레라고 여길 만하기에 벌레라 볼 수 있다.

곤충이 아니면서 벌레인 것은 무엇일까? 가장 가까운 예로 거미를 들 수 있다. 거미는 절지동물에는 속하나 곤충과는 분류과 다른 거미강에 속하는 동물이다. 몸은 머리가슴과 배 두 부분으로 나누어지며 다리는 4쌍이다. 그 때문에 거미는 곤충은 아니지만, 벌레라고 볼 순 있다.

반대로 곤충이면서 벌레가 아닌 것은 있을까? 사실 벌레라는 용어가 곤충들을 포함하는 단어이기 때문에 곤충이면서 벌레가 아닌 것은 없다고 볼 수 있다. 다시 말해, 벌레는 경계가 모호한 단어이면서 뜻의 범주가 크고, 곤충은 명확한 경계를 가진 분류상의 용어라고 보는 것이 타당하다.

chapter 1

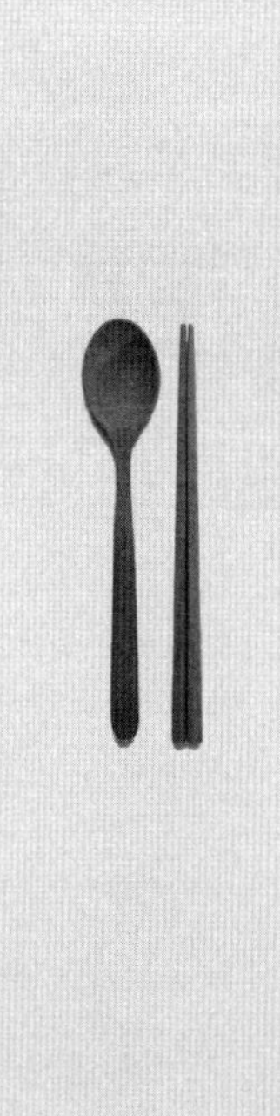

식량 자원으로써의 곤충

지구상의 인구는 계속해서 늘어나고 있다. 인구가 늘어나는 만큼 땅이 늘어나진 않을 테니, 1인당 지구는 계속해서 좁아지고 있다고 볼 수 있다. 여기에 온난화를 비롯한 기후 변화도 일어나고, 전 세계적인 도시화로 인해 농촌에는 사람이 없어지고 있다. 이런 일들이 지속되면 사람이 먹고 살 식량이 충분히 마련될 수 있을까?

전화 한 통이면, 아니 스마트폰에서 클릭 몇 번이면 치킨을 비롯해 온갖 음식이 배달해 오는 시대에 어울리지 않는 질문 같다. 이렇게 먹을 것이 흔했던 적이 있었을까? 실제로 우리는 지금 역사상 가장 풍요로운 시대에 살고 있다. 하지만 지구 어느 쪽에 사는 사람들은 식량 부족에 대해 걱정한다. 그래서 전 인류의 식량에 관심을 기울이고 연구하는 유엔의 농업식량기구(FAO)가 있는 것이며, 중요한 역할을 담당하고 있다.

식량 부족으로 어려움을 겪는 사람들

농기계와 비료 등 농업 향상 기술은 빠른 속도로 발전해 왔다. 인구가 꾸준히 늘어난다고 할지라도 이러한 농업 기술이 급속도로 발전한다면 우리의 풍요로움도 지속되진 않을까? 안타깝게도 학자들의 생각은 부정적이다. 물론 모든 식량이 부족해질 것이라 예견하는 것은 아니다. 실제로 농업 기술도 스마트팜이나 식물 공장과 같이, 다양한 기술들

빛·온도·습도·이산화탄소·배양액 따위를 인위적으로 제어하는 스마트팜 농장

이 발전을 이루고 있다. 하지만 현재와 같이 고기(단백질)를 소비한다면 단백질만큼은 부족하리란 것이 학자들의 예측이다.

고기를 먹지 않는 채식주의자들도 있지만, 일반적으로 고기는 사람들이 즐겨찾는 식품이다. '치느님'이란 단어가 보여주듯, 육식이 주는 즐거움은 꽤 큰 것 같다. 실제로 고기의 소비는 계속해서 늘어나고 있다. 축산업 역시 기술이 발달하고 대규모화되면서, 사람들의 수요를 충족시키곤 있지만 한편으로는 문제도 발생하고 있다. 축산업에 따른 환경오염은 물론, 구제역이나 조류독감(AI)과 같이 안정적인 생산을 방해하는 요소들도 끊이지 않는다. 이런 상황에서, 인구가 증가하게 되면 앞으로 고기 구경은 힘들 것이라는 전망이 나온다.

곤충은 이와 같이 우울한 전망에 대한 한 대안으로 떠오르고 있다. 소나 돼지와 달리 곤충은 체온을 유지하려는 성질이 없다. 일정한 체온을 유지해야 하는 정온 동물인 가축들은 체온을 유지하기 위해 막대한 에너지를 소비한다. 많은 사료와 물을 먹어야만 생존할 수 있다. 하지만 곤충은 외온성 동물이기 때문에, 먹는 양이 일반적인 가축들에 비해 매우 적은 편이다. 온도가 적당히 높으면 대사가 빨라져 성장 속도가 증가하기도 한다.★

☑ **정온동물:** 외계의 온도에 관계없이 체온이 거의 일정하고 늘 따뜻한 동물인 조류 포유류 등.
☑ **외온성동물:** 체온이 일정한 환경에서 얻는 열에너지에 의해 결정되는 상태 또는 특성을 갖는 동물.

곤충은 별도의 도축 과정이 없고, 몸의 구성 비율 중 단백질이 차지하는 비중이 높다. 그래서 우리에게 효율적인 단백질 공급원이 될 수 있다. 사육에 있어서도, 곤충을 기르는 상자를 층층히 쌓을 수 있기 때문에 좁은 공간에서 많은 곤충을 키울 수 있다. 먹이원의 경우, 기존 축산업에 사용되는 사료에는 인간이 먹을

★ 정철의, 배윤환. (2007)국내 도입종인 쌍별귀뚜라미*Gryllus bimaculatus De Geer*의 산란 및 온도별 알 발육. 한국토양동물학회. 12(1~2), 28~32.

수 있는 곡물 등도 포함되어 있는 데 비해 곤충은 밀기울과 같이 식품을 만드는 과정에서 얻어지는 부산물을 활용할 수 있다.

동애등에

곤충을 인간이 섭취하기 위해서가 아니라, 가축의 사료로도 이용할 수 있다. 이 경우에 곤충에게 음식물 쓰레기를 먹일 수 있다. 우리에겐 음식물 쓰레기이지만 곤충에게는 훌륭한 먹이가 되는 것이다. 대표적인 환경 정화 곤충 동애등에는 음식물을 분해하는 속도가 빠르며 이 과정에서 이산화탄소 등을 거의 발생시키지 않는다. 이렇게 얻어진 분변토와 동애등에를 닭 등의 사료로 이용하면, 인간이 먹지 못하는 것을 활용해 식량을 다시 생산할 수 있게 된다.

곤충 식품의 안전성

그런데 우리가 곤충을 정말 먹어도 되는 것일까? 여름철 내내 괴롭히던 모기와 부엌 한구석에 기어 다니는 바퀴벌레를 떠올린다면 도저히 먹지 못할 것 같다. 일반적으로 곤충은 비위생적이며 먹어서는 안 되는 것으로 알려져 있다. 영화 〈설국열차〉에서도 프로틴 블럭의 실체가 바퀴벌레인 것이 밝혀졌을 때, 관객들은 하나같이 징그러워 했다.

물론 아무 곤충이나 먹을 수 있는 것은 아니다. 먹을 수 있는, 안전성이 확보되어 있는 곤충들은 해충과는 별개이며 깨끗하고 위생적인 환경을 필요로 한다. 유엔에 따르면 현재 지구상에서 우리가 음식으로써 이용하는 곤충은 1,900여 종에 이른다. 물론 우리가 먹을 수 있는 곤충의 수는 더 많을 것이다. 다만 현재까지 인류가 먹어온 곤충만 해도 이만큼 다양하다.

다양한 식용 곤충의 종류만큼, 인류가 곤충을 먹어온 것은 아주 오래전의 일이다. 대부분의 경우 곤충은 채집을 통해 식량이 되었다. 다큐멘터리 프로그램에서 보듯, 나무와 풀 사이를 헤집어 곤충을 먹었다. 곤충을 튀기거나 가열해서 먹는 경우도 있지만 때론 날것 그대로 먹기도 했다. 하지만, 식품으로서의 안전성을 확보하기 위해서는 적절한 환경이 조성되어야 하고 가공 방법도 중요하다.

모파인 애벌레의 식용 가공★

오염을 피해 안전한 제품을 보장하려면 가공 단계 전체에서 주의를 기울여야 한다.

① **내장 속 비우기**

- 구멍을 뚫어 내장 속을 제거한다.
- 내장 속을 비운 후 즉시 구멍을 막는다.

② **건조**

- 주머니(황마 또는 폴리프로필렌 재질)를 30분 이상 삶고 현장에서 사용하기 전 두 시간 이상 일광 건조한다.

③ **보관**

- 애벌레를 넣기 전에 주머니가 깨끗하고 소독되어 있는지 확인한다.
- 끈으로 주머니를 즉시 묶고 솔기가 잘 처리되어 있는지 확인한다. 그런 후 폴리에틸렌 소재로 주머니를 감싸고 지상 환경과 습기로부터의 교차 감염을 방지하기 위해 높은 곳에 올려놓아야 한다.

곤충을 음식으로 먹어서 건강상의 문제가 발생한 사례는 드물다. 하지만 야생에서 자란 곤충은 중금속을 함유할 가능성이 있다. 또한 곤충의 먹이원이 어떤 것인지 확인할 수 없기 때문에, 안전성에 확신을 갖기

★ 식용 곤충 『식량 및 사료 안보 전망』, 10. 식품안전 및 보존(10.1~10.2)

힘들다. 따라서 식품으로써 곤충을 먹을 때는 양식에 의해 길러진 곤충이 야생에서 자란 곤충보다 안전하다. 위생적인 사육장과 깨끗한 먹이원은 식용 곤충에 있어 필수적인 요소이고, 사육한 곤충에 대한 검사도 꼭 필요하다.

한국은 식용 곤충에 있어 선도적인 국가라고 평가 받는다. 해외에는 한국이 식용 곤충을 매우 쉽게 섭취할 수 있는 곳으로 알려져 있다. 주변에서 먹을 수 있는 곤충을 본 적이 없는데 어떻게 그렇게 알려져 있을까? 대부분의 편의점에서 판매하는 번데기 통조림이 곤충으로 분류되기 때문이다. 24시간 누에 번데기를 구매할 수 있는 곳이라니 해외에서는 놀라운 광경이다. 뿐만 아니라 제도적으로도 한국은 상당히 앞서 나가 있다고 평가받는다. 현재 총 7종의 곤충이 식품으로 인정받고 있는데, 법적인 지위를 식품으로 인정받기 때문에 식품원료로써 가공이나 유통, 판매, 나아가 수출입도 가능하다. 이렇듯 제도적으로 식품으

흔히 볼 수 있는 번데기 통조림

로 인정받기에 식품으로써의 관리와 규제도 뒤따르고, 소비자들은 보다 안전한 곤충 식품을 먹을 수 있다.

가축에게 먹이가 되는 곤충

곤충을 식량으로 생각할 때, 단순히 직접 섭취하는 부분만을 생각하는 것은 아니다. 곤충이 지닌 지속가능성과 식량으로써의 장점은 곤충이 사료로 사용되는 것을 포함할 때 더 확실히 드러난다.

식량의 효율성에 대해 이야기할 때, 빼놓을 수 없는 부분 중 하나는 많은 곡물과 녹초지가 동물용 사료로 사용된다는 것이다. 이러한 '에너지 피라미드'와 관련해서 흔히 나오는 이야기가 '무인도에서 살아남기'이다. 무인도에 홀로 남겨졌는데 닭과 보리가 있다면 무엇부터, 혹은 언제부터 먹어야 할까? 닭에게 보리를 먹이고 닭을 잡아먹는 것이 나을까? 최대한 배고픔을 참았다가 나중에 먹는 것이 나을까? 여러 변수를 고려해야겠지만, 닭이 먹을 먹이가 따로 없다면 닭을 바로 잡아 먹는 것이 좋다. 보리를 닭에게 먹인다면 닭은 보리에 있던 에너지를 체온 유지에 쓰게 될 것이다.

물론 단순한 가정과 이야기이지만, 인류가 먹을 수

있는 식량 전체를 놓고 생각해보자. 많은 곡물과 농업 용수, 경작할 수 있는 토지 등 인간이 이용할 수 있는 자원은 한정되어 있다. 이를 이용해 농사를 지어 바로 먹게 된다면 인류가 먹고도 남을 양이 존재한다.

하지만 농사를 지어 얻은 곡물을 동물 사료로 사용한다면, 많은 에너지를 동물들이 사용하게 되는 것이다. 결국 인류에게 돌아오는 식량의 양 혹은 에너지의 양은 줄어들 수밖에 없다. 물론 축산업을 통해 인류가 얻는 장점도 대단히 크다. 단순히 동물들에게 사료를 줘서는 안 된다는 것이 아니다. 식량의 관

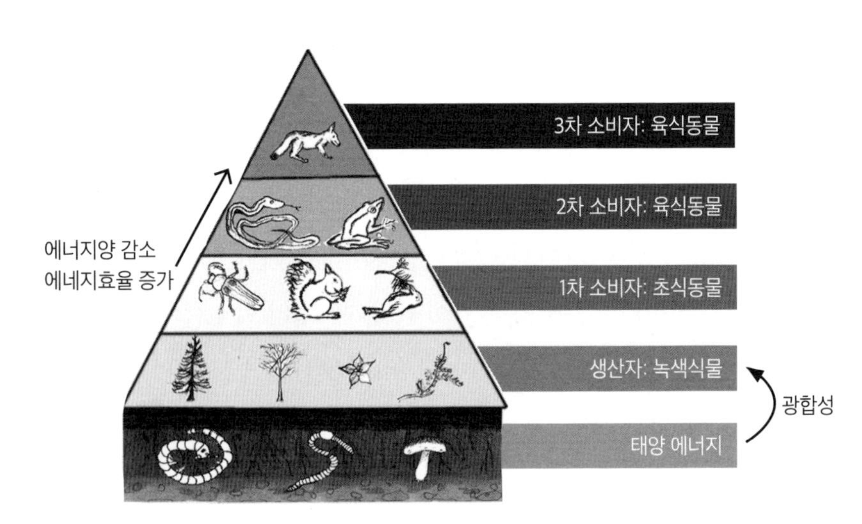

생태학적 피라미드

점에서 봤을 때 많은 양의 곡물이 사료로 쓰이는 것은 아쉽다는 것이다. 현재 약 9억 명에 달하는 이들이 굶주림에 시달리고 있다. 앞으로 50년간 인류가 생산해야 할 식량의 양은 지난 1만 년 동안 인류가 생산한 양과 맞먹는다.

이러한 관점에서 곤충은 효율적이다. 사람이 먹을 수 없는, 혹은 버려지는 부산물들을 곤충들이 먹을 수 있기 때문이다. 예컨데 밀을 도정하고 남은 껍질인 밀기울은 보통 식품으로 사용하지 않는다. 하지만 갈색거저리 유충(고소애)은 이 밀기울을 주먹이원으로 삼는데, 이렇게 키워낸 갈색거저리 유충은 단백질원으로도 사용될 수 있고 한편으로는 '어분(魚粉)'이나 '단미(單味)' 사료로 활용될 수 있다. 어분은 물고기를 찌거나 말려서 가루로 만든 것인데 주로 사료로 쓰이는 것을 말한다. 단미 사료는 식물성, 동물성 또는 광물성 물질로서 사료로 직접 사용되거나 배합사료의 원료로 사용되는 것이다.

밀기울 속에서 자라는
갈색거저리 유충(고소애)

음식물 찌꺼기를 생각해보면 이러한 효율성은 더 두드러지게 나타난다. 동애등에는 대표적인 환경정화 곤충인데, 음식물을 분해하는 능력이 뛰어나다. 환경에 미치는 부작용도 거의 없으며 음식물을 분해하고 남은 것들은 식물의 거름으로, 동애등에는 사료의 재료로 사용할 수 있다. 사료가 아니더라도 동애등에는 지방이 많이 들어 있어서 바이오디젤로 전환이 가능하며 이후 키틴질을 추출해 낼 수도 있다.

바이오디젤(bio-diesel)

콩기름과 같은 식물성 기름을 원료로 해서 만든 친환경 연료이다. 경유를 사용하는 디젤자동차에 사용되며, 여기에 들어가는 경유 대체용으로 또는 경유 첨가제로 사용된다.

이와 같이, 버려지는 자원을 활용할 수 있다는 점은 곤충을 이용한 사료가 비용적인 측면에서도 유리하다는 것을 말해준다. 2011년 기준으로 세계의 전체 사료 생산량은 8억 7천만 톤으로 가량인데, 농업식량기구에 따르면 2050년 세계 인구가 필요한 식량을 생산하기 위해서는 사료 생산량이 2배 이상은 되어야 한다. 문제는 이렇게 생산량을 늘리기 위해서는 가축, 생선, 콩 등의 단백질원 사료도 늘려야 하는데 가격이 만만치 않다는 것이다.

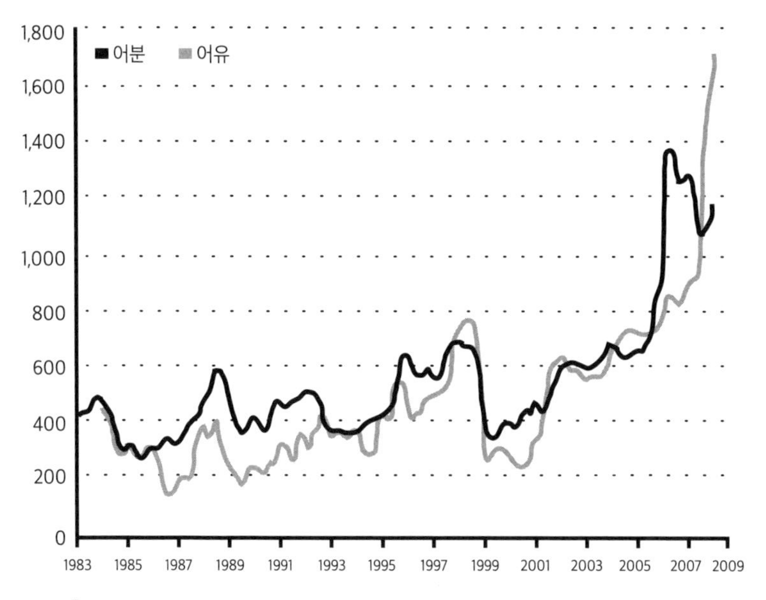

어유와 어분의 국제 도매 시장 가격, 함부르크까지의 운송료와 보험료 포함
참고: 가격은 월병 평균치이며, 64% / 65% 조단백질 기준이다.

대표적인 단백질을 공급하는 어분의 가격은 위 그래프와 같이 지속적으로 오르고 있다. 우리나라의 경우 어분 생산이 연간 약 4만 톤 되지만, 약 5만 톤을 추가로 수입하여 사용하고 있다. 어분 가격이 상승하는 상황에서, 곤충을 이용한 사료의 생산이 기대되는 점이다. 해외에는 이미 산업적으로 곤충을 사료로 사용하는 사례가 있다. 중국에서는 갈색거저리를 이용해 공장화 생산을 하는 곳들이 있으며, 친환경 골분 및 어분 등 사료시장으로 발전 중이다. 토고와 부르키나파소 등 아프리카에서는 흰개미를 닭의 사료로 사용하고 있다.

곤충을 사료로 사용하는 경우 이와 같이 버려지는 자원을 활용할 수 있다는 점이 가장 큰 장점이다. 하지만 사료 자체로써 매우 뛰어나다는 것 역시 빠질 수 없는 강점이다. 우리나라에서는 농업진흥청에서 갈색거저리를 이용한 양식 어류 사료를 개발했다. 넙치에게 곤충으로 만든 사료를 먹였더니, 15% 체중이 증가했고 흰다리새우는 30% 가량 체중이 증가했다. 양식에 있어 같은 기간을 키웠는데 사료를 통해 이렇듯 생산성이 향상되는 것은 사료로써의 기능이 매우 뛰어나다는 것을 보여준다. 체중 증가 이외에도 면역력이 향상되거나 물 환경도 좋아졌다. 양식하는 어류의 면역력이 향상되면 그만큼 질병에도 안전할 수 있고 항생제의 사용을 줄일 수도 있다.

곤충 첨가사료와 일반 사료의 비교(넙치)

이러한 사료의 기능성에 초점을 둔 제품들도 있다. 가금류나 어류 등 식품 생산을 목적으로 하는 경우도 있지만 반려동물들에게는 체중 증가 보다는 기능성에 초점을 두기 마련이다. 귀뚜라미나 갈색거저리 등은 별다른 가공 없이 양서류나 파충류, 고슴도치 등의 먹이로 사용되기도 한다. 애견쿠키와 같이 가공이 되어서 나오는 경우도 있는데, 국내외에 다양한 제품들이 출시되고 있다.

환자들에게도 좋은 곤충식사

곤충을 이용해 만든 식사는 영양가가 뛰어나기 때문에, 맛있다는 점이 한층 더 부각된다. 입원한 환자의 경우 식욕이 없거나, 소화 장애, 복부팽만감 등으로 인해 영양상태가 낮은 경우가 많다. 연세대학교 세브란스병원에서 진행한 연구결과에 따르면, 입원 후 권장섭취량 대비 단백질 섭취량은 60.6%, 열량은 59.9%로 나타났다. 환자들은 회복을 위해 일반인보다 영양소가 절실한 데 반해 음식을 먹는 양은 오히려 낮은 것이다. 이 때문에 영양이 높은, 그러니까 적은 양을 먹어도 많은 영양소를 섭취할 수 있는 방법이 필요하다.

고소애로 만든 환자식 메뉴 영양	
High calorie	소고기 3.7배, 돼지고기 1.6배
High protein	소고기 2배, 계란 4.5배
High MUFA, PUFA	소고기, 돼지고기에 비해 SAF<MUFA, PUFA
Low volume	동결 건조 제품 이용 시 수분 함유량 거의 없음

그 외 Ca, Fe, 지용성 비타민 등의 함유량도 높음

고소애(갈색거저리 유충)는 단백질과 지방, 특히 불포화지방이 많이 함유되어 있다. 총 지방산의 76~80% 정도가 불포화지방산이며 이외에 철분이나 칼슘 등 무기질 성분도 많이 함유되어 있다. 그래서 고소애를 이용한 환자식은 환자들의 영양 상태를 호전시키는 데 도움을 줄 수 있다. 실제 연구결과에 따르면, 식사의 양 자체를 줄였지만 칼로리나 단백질 밀도는 50% 가량 증가

함을 보였다. 또 씹거나 소화하는 데 어려움이 있는 환자들에게는 곤충이 들어간 음식이 도움을 줄 수 있다. 특히 일반 환자식을 먹은 환자들에 비해 고소애 환자식을 섭취한 환자들은 제지방량이 증가함을 보였는데, 이는 환자들의 회복과 예후가 좋다는 것을 의미한다.

제지방량

어떤 사람이 몸무게가 늘었다고 할 때 지방만 늘었다면 몸이 건강해졌다고 할 수 있을까? 체중에서 지방의 양을 뺀 나머지 체중이 중요한 것이다. 제지방량이란 전체 몸무게에서 지방의 양을 제외한 무게이다. 흔히 체중에서 근육, 뼈, 내장, 뇌, 수분 기타 등을 포함한 무게를 말한다.

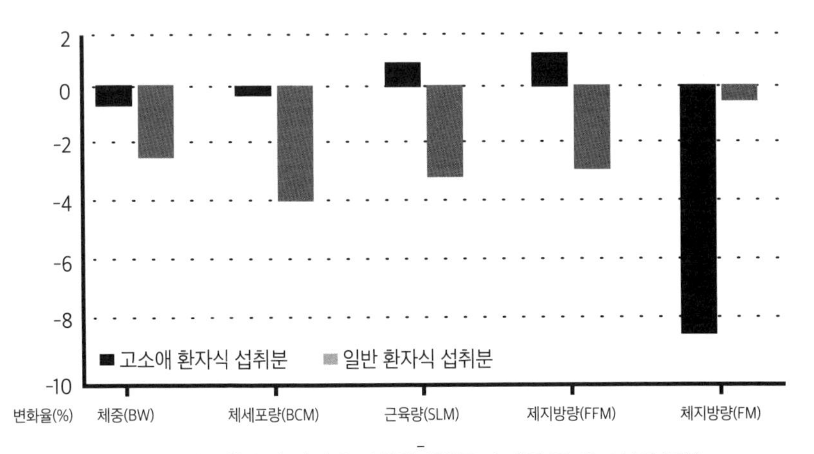

고소애를 활용한 식사를 섭취한 실험군의 체중 및 체조성의 변화

고소애를 이용한 환자식

환자식으로 이용할 수 있는 고소애 음식을 몇 가지 소개하겠다.

① 고소애 검은콩 두유

- 검은콩은 블랙푸드의 대표주자로, 어린이 발육에 꼭 필요한 라이신과 항산화성분인 안토시아닌 색소가 풍부하다. 또한 섬유질이 풍부하여 변비에도 좋고 포만감이 오래 지속되므로 활동이 많거나 외출 시 도시락으로 활용하기에 좋다. 고소애와 영양보충음료를 곁들여 간편하게 고열량 고단백 음료를 만들 수 있다.

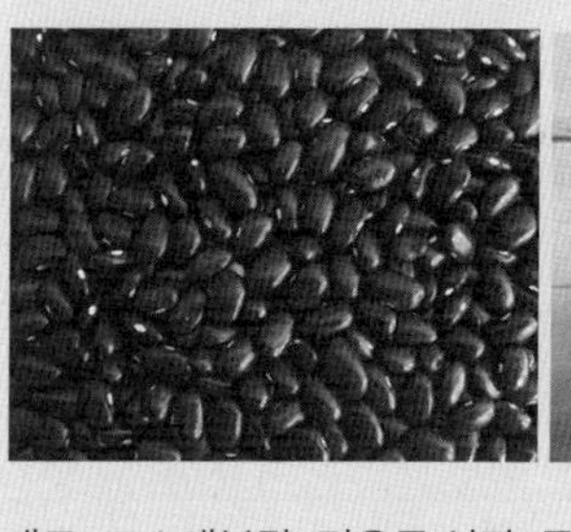

- 재료: 고소애분말, 검은콩,설탕, 물, 두유

② 고소애 수제비

- 수제비 반죽에 고소애를 넣어 만든 고소애 수제비는 일반 수제비보다 양질의 단백질이 추가되어 영양적으로 효과 만점이다. 애호박과 표고버섯으로 풍미를 더하여 균형 있는 한끼식사로 부족함이 없다. 수제비 반죽을 비닐에 넣어 냉장고에서 숙성시키면 더욱 쫄깃한 수제비를 만들 수 있다.
- 재료: 밀가루, 김치, 애호박, 고소애분말, 양파, 표고버섯, 다시멸치

식용 곤충을 활용한 음식은 여러 환자식에 적용이 가능하다. 항암치료를 받는 암환자들은 식욕이 떨어져 있어 제대로 된 식사량을 하지 못하는 경우가 많다. 이때 영양가가 높은 고소애 환자식을 이용하면 보다 적절한 영양분을 얻을 수 있다. 또 고소애에 포함되어 있는 불포화지방산인 리놀레산이 종양세포의 증식을 억제시키는 기능이 있다는 연구 결과가 보고되고 있어, 치료식으로의 가능성도 열려있다.

씹거나 삼키는 등, 소화가 곤란한 경우에도 고소애는 효과적이다. 고소애를 갈아서 제공하는 경우 소화의 어려움을 피할수 있으며 보다 다양한 메뉴를 구성할 수 있다. 이외에도 탄수화물이 제한되고 단백질, 지방의 비율이 높은 케톤식이나 간질환식, 위장질환식으로도 이용가능하다. 환자식에 사용되는 단백질원이 상당히 제한적인데, 고소애와 같은 식용 곤충들이 식재료로 사용되면 보다 다양한 환자식이 제공될 수 있다.

chapter 2

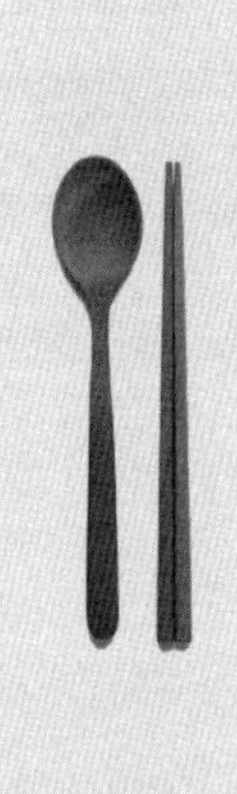

우리는 어떤 곤충들을 먹을 수 있을까?

> *우리나라는 벼메뚜기와*
> *누에번데기를 비롯해서 갈색거저리 유충,*
> *쌍별귀뚜라미 성충, 흰점박이꽃무이 유충,*
> *장수풍뎅이 유충을 식품으로 인정하였다.*

식용 곤충이 되기까지

농촌진흥청에서는 곤충의 사육 환경과 방법에 대해 다양한 연구 결과를 내놓고 보다 안전하고 효율적인 곤충을 기르기 위해 애쓰고 있다. 행정 통계에 따르면 2018년 6월 기준으로 현재 국내에는 2,417개소의 농가에서 곤충을 키우고 있다. 이들 모두가 식품으로서 곤충을 생산하는 것은 아니고, 학습이나 애완용 곤충이나 사료용으로도 곤충을 키운다. 다만 식품으로서 곤충을 키울 때는 다른 목적으로 기르는 곤충과는 별도의 공간에서 키워야 한다. 또 생산일지를 기록하고 위생적으로 적합한 시설을 갖춰야 한다.

위생적으로 관리·생산되는 식용 곤충

고소한 맛으로 인해 고소애로도 불리는 갈색거저리 유충이나 쌍별귀뚜라미, 흰점박이꽃무지 유충, 장수풍뎅이 유충의 4종은 원래는 식품으로 분류되지 않았다. 곤충이 미래식량으로 주목을 받고 환경적 가치, 영양적 가치가 높다고 인정되고 나서야 절차를 거쳐 식품으로 인정받은 것이다.

사실 식품이 아니었다가 식품이 되는 것은 매우 까다로운 과정을 거친다. 국민들의 먹거리 안전을 확보하기 위해, 식약처에서는 이 과정을 상세히 관리하고 있다. 이 4종의 곤충은 중금속·독성 평가와 동물 실험을 거쳐 안전성을 인정받았다. 이렇듯 과학적인 검증 과정을 거쳐 곤충을 식품으로 인정하는 사례는 매우 드물다. 대개의 경우는 이전부터 먹어 왔기 때문에 관습적으로 식품으로 인정하는 경우가 많다. 중국이나 태국 등지에서 보이는 곤충 꼬치 등이 이러한 예이다.

중국이나 태국 등지에서 보이는 곤충 꼬치

사람마다 조심해야 할 음식은 있다. 곤충은 안전한 식품이며 과학적으로도 그 안전성을 검증받았지만, 누구에게나 곤충이 안전한 것은 아니다. 콩이나 우유, 땅콩 등과 같이 일반적으로는 안전한 식품이지만 특정한 이에게는 알레르기 반응이 일어날 수 있는 것이다. 곤충의 가장 바깥 부분은 키틴(Kitin)으로 이루어져 있다. 이 때문에 키틴 알레르기 반응을 보이는 사람들 중에는 곤충을 섭취 시에 알레르기 반응이 일어나기도 한다. 하지만 이러한 알레르기 반응이 흔한 것은 아니며, 혹시나 걱정이 된다면 곤충을 조금씩 먹어보고 붉은 반점이나 가려움과 같은 알레르기 반응이 일어나는지 확인할 수도 있다.

곤충을 깨끗하게 키우는 것도 중요하지만, 어떻게 가공하고 보존하는지도 안전성과 직결된다. 태국이나 라오스 등지에서는 살아있는 곤충을 씻어서 냉장 보존 용기에 담아 배송하기도 한다. 곤충을 튀기거나 구워서 파는 방식은 열을 가하기 때문에 그냥 먹는 것에 비해서는 안전하다고 볼 수 있다. 하지만 다양한 식품들의 원료로 사용되기 위해서는 보다 더 안전한 방법이 필요하다. 식품으로 사용되는 곤충은 세척과 살균 과정이 필수적으로 거쳐 안정성을 확보하도록 한다. 우선 내장에 남아 있는 똥이나 오줌을 제거하기 위해 며칠간 굶기는 과정이 필요하고, 이후에는 깨끗하게 씻는다. 살균 방식은 다양하지만 보통의 경우 고온·고압의 스팀으로 살균하는 경우가 많다. 살균이 끝났다고 하더라도, 이후에 어떻게 건조하고 보관하는지에 따라 미생물이 번식한다던가 하는 우려가 있을 수 있다. 그래서 수분을 없애고 공기 중에 노출을 하지 않도록 밀봉하는 것이 좋다. FAO에서는 곤충을 먹기 전 열을 가해 먹는 것도 안전한 방법이라고 권하기도 한다.

우리나라의 '먹을 수 있는 곤충'

보통 일반 식품으로 인정이 되었다면, 곤충의 모든 성장 과정을 다 먹을 수 있을 것이라 생각한다. 그러나 우리가 선정한 곤충은 성장 단계 중 어느 한 단계만을 선택하여 먹을 수 있다. 곤충은 '알-애벌레(유충 또는 약충)-번데기-어른 곤충'으로 성장한다. 벼메뚜기의 경우, 알, 애벌레, 번데기는 일반 식품에 해당하지 않고, 오직 어른 벌레만 일반 식품에 해당한다. 그래서 식용 곤충인 '벼메뚜기 성충'은 '벼메뚜기'라는 곤충의 종류와 더불어 '성충'이라는 곤충의 성장 단계를 덧붙여 제시하는 것이다. 장수풍뎅이도 살펴보면, 장수풍뎅이의 알, 번데기, 어른 곤충은 식용 곤충에 해당하지 않고, 유충만 식용 곤충에 해당한다. 그래서 식용 곤충으로 장수풍뎅이를 먹을 수 있다라고 말하는 것보다 '장수풍뎅이 유충'을 먹는다고 말하는 것이 더 정확하다.

나라마다 먹을 수 있는 곤충의 종류는 다르다. 우리나라에서는 총 7종류의 곤충을 일반 식품으로 인정하였는데, 딱 2종만 어른 곤충이고, 나머지 5종은 애벌레이다. 어른 곤충으로는 쌍별귀뚜라미와 벼메뚜기가 있다. 애벌레로는 누에번데기, 백강잠, 갈색거저리 유충, 흰점박이꽃무지 유충과 장수풍뎅이 유충이 있다. 어른 곤충부터 차례대로 살펴보자.

☑ 쌍별귀뚜라미 성충

쌍별귀뚜라미*Gryllus bimaculatus*는 메뚜기목 귀뚜라미과에 속한다. 몸은 전체적으로 갈색빛이 도는 검은색이다. 앞날개 부분에 노란 점이 있어서 영어로 'two-spotted cricket'이라고도 한다. 쌍별귀뚜라미 성충은 이름이 길고 복잡하다고 느껴질 수 있어서 새로운 이름이 필요했다. 이 귀뚜라미의 가장 큰 특징인 두 개의 노란점! 이것에서 아이디어를 얻어 '쌍별이'라는 새로운 이름이 생겼다. 농림축산식품부는 식용 곤충 이름짓기 공모전을 열었는데, 그때 당선된 별명이 '쌍별이'이다. 쌍별이는 정식 명칭은 아니지만 쌍별귀뚜라미 성충의 별명으로 자주 불려지고 있다. 이 이름에서 느껴지듯이 쌍별귀뚜라미가 아름다운 별과 같은 역할을 할 것이라 기대해 본다.

쌍별귀뚜라미 알

쌍별귀뚜라미 약충

쌍별귀뚜라미 성충

쌍별귀뚜라미는 '알-애벌레-어른 곤충'으로 성장한다. 번데기 과정을 거치지 않는다. 번데기 상태를 거치지 않고 애벌레가 직접 어른벌레로 변하는 것이다. 이것을 불완전변태라고 부른다. 번데기를 거치면 완전변태, 번데기를 거치지 않으면 불완전변태인 것이다. 이것은 좀 어려워 보이는 단어이지만 잘 알아두면 간단하다. 쌍별귀뚜라미는 불완전변태이므로 이때 애벌레를 '약충'이라고 부른다. 쌍별귀뚜라미는 무엇이든 잘 먹기로 유명하다. 식성은 잡식성으로 아무거나 잘 먹지만 깨끗하고 농약이 없는 먹이를 좋아한다. 농업 부산물이나 곡물, 동물성 사료 등 다양한 먹이를 먹는다. 우리나라 384개 농가(충북 32개 농가)에서 기르고 있다.

쌍별귀뚜라미는 주로 라오스, 말레이시아, 아프리카 등에 분포한다. 우리나라에는 동물의 먹이로 들어오게 되었다. 양서파충류나 조류, 관상어류 등의 먹이로 사용되며 대중화되었는데 최근에는 사람이 먹을 수 있는 음식으로 인정받았다. 갈색거저리 유충과 함께 일반 식품 원료로도 사용된다. 쌍별귀뚜라미는 영양면에서 뛰어나다. 특히 단백질 함량이 많다. 무려 60% 이상이 단백질이다. 여기에 불포화 지방산과 미량 영양소 등을 함유하고 있어 식품으로서 활용 가치가 높다고 평가 받고 있다.

쌍별귀뚜라미는 귀뚜라미 중에서 국내 종인 왕귀뚜라미와는 달리 월동 기간이 없어 사계절 내 번식이 가능하다. 또 키우는 동안 통 안에 집단적으로 키울 수 있다는 장점이 있어서, 산업적으로 이용되고 있다.

☑ 벼메뚜기 성충

벼메뚜기는 논이나 경작지 근처 풀밭에서 주로 잘 자란다. 벼메뚜기는 쌍별귀뚜라미와 마찬가지로 농약과 환경오염에 약하다. 최근 농약의 사용이 많아지고 환경오염이 심해지면서 그 수가 감소하고 있다.

반가운 것은 일반 식품으로 인정받으면서 벼메뚜

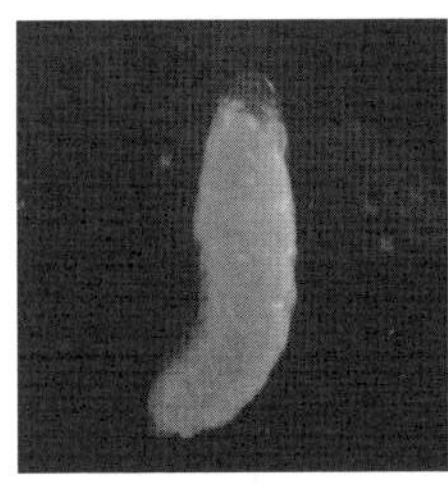

벼메뚜기 알

벼메뚜기 약충

벼메뚜기 성충

기를 키우는 농가가 점차 많아진다는 것이다. 우리 나라뿐만 아니라 해외에서도 벼메뚜기를 식품으로 인정하고 사용하고 있다. 멕시코나 라오스, 태국 등에서는 기름에 튀기거나 요리의 소스 등으로 사용한다. 이슬람교, 유대교, 기독교 등 종교 문헌에도 메뚜기를 먹는 것과 관련한 언급이 있으며 세계적으로 약 80%의 메뚜기 종이 섭취되고 있다.

벼메뚜기는 '알-애벌레-어른 곤충'으로 성장한다. 쌍별귀뚜라미처럼 번데기 상태를 거치지 않고 애벌레가 직접 어른벌레로 변하는 것이다. 벼메뚜기는 불완전변태이므로 이때 애벌레를 '약충'이라고 부른다. 벼메뚜기는 주로 식물의 잎을 먹는다. 배추를 비롯한 식물을 워낙 잘 먹다보니, 농작물에 피해를 주어 해충이라는 소리를 듣기도 한다.

우리벼메뚜기라고도 불리는 벼메뚜기는 메뚜기과에 속한다. 몸길이가 2~3cm 이고 8~10월 중에 어른 곤충이 된다. 애벌레의 앞가슴등판에 흰줄무늬가 있다. 학명은 *Oxya chinensis sinuosa*이다.

벼메뚜기는 단백질이 높은 식품으로 미량영양소 섬유질이 풍부한 편이다. 벼메뚜기는 배변에 어려움을 겪는 사람에게 도움을 주는 훌륭한 음식이 될 수 있다. 오래전부터 벼메뚜기는 한약재로 사용해 왔는데, 한약에서는 벼메뚜기를 '책맹'이라 부른다. 『본초강목』이나 『백초경』 등에서 책맹을 약재로 사용하는 방법이 기록되어 있어 있다. 다른 약재와 함께 사용할 때 어지럼증이나 경련을 멈추기도 하고 천식이나 기침, 기관지염에도 좋다고 써있다. 잘 알아두었다가 이런 증세가 나타나면 이 메뚜기를 꼭 먹어보기를 바란다.

☑ 누에 번데기

대공원에 가면 음식을 파는 길목에 늘 보이는 음식이 있다. 바로 누에 번데기이다. 고소한 향으로 발걸음을 멈추게 하는 이 음식은 누에의 번데기이다. 누에는 뽕잎을 먹는다. 누에가 뽕잎만을 먹는다는 소리가 있을 정도로 뽕잎을 좋아한다. 누에는 누에나방과에 속하는 누에나방

누에 번데기

의 애벌레이다. 누에는 몸통이 원통형이고 몸은 젖빛을 띠고 있다. 누에는 알에서 나왔을 때, 검은색빛을 띠기 때문에 개미누에라고도 불린다. 누에는 뽕잎을 먹고 자라는데, 차츰 단단한 고치를 만들어 번데기가 된다. 우리나라에서 일반 식품으로 인정하는 것은 바로 이 '누에 번데기'이다. 누에 번데기는 단백질과 더불어 비타민 E가 풍부하게 함유되어 있다. 그래서 노화방지에 도움을 주고 불면증을 치료하는 데 사용된다.

누에나방의 학명은 *Bombyx mori*이고, 영어로는 silk moth로 불린다. '알-애벌레-번데기-어른 곤충'으로 성장한다. 누에나방은 번데기 상태를 거친 다름 어른벌레로 변한다. 누에나방은 완전변태이므로 이때 애벌레를 '유충'이라고 부른다.

우리나라는 오래전부터 누에를 키워왔다. 옆에 뽕나무를 키우며 누에에게 주고 누에가 자라 번데기가 되면 이것을 먹으며 단백질을 섭취하였다. 누에가 실을 뽑아내면 아름다운 비단옷을 만들어 입을 수 있었다. 누에의 똥을 가축의 사료에도 사용하기도 하니 누에가 얼마나 우리에게 소중한 곤충이었는지 알 수 있다.

오래전부터 우리의 조상과 함께 한 누에이지만, 우리나라에서 언제부터 누에를 키워왔는지 정확히 알 수는 없다. 오래전 누에가 중국으로부터 우리나라에 들어왔다는 기록이 있다. 『한서지리지(漢書地理志)』에 '교기민이예의전잠직작(敎其民以禮儀田蠶織作)'이라고 기재된 것으로 미루어보아 지금으로부터 약 3천 년 전일 것으로 추측하고 있다. 『규합총서(閨閤叢書)』에도 누에에 대한 기록이 있다. 여기에는 누에치기와 뽕기르기 항목이 있어 누에치기 좋은 날과 꺼리는 날 등이 써있다. 누에가 약으로 쓰였는데 누에를 이용하여 상처를 치료하는 방법도 적혀있다.

☑ 백강잠

병에 걸린 누에가 약재로 쓰인다. 인간의 건강을 위해 병에 걸린 누에까지 사용한다니, 곤충의 세계는 무궁무진한 자원

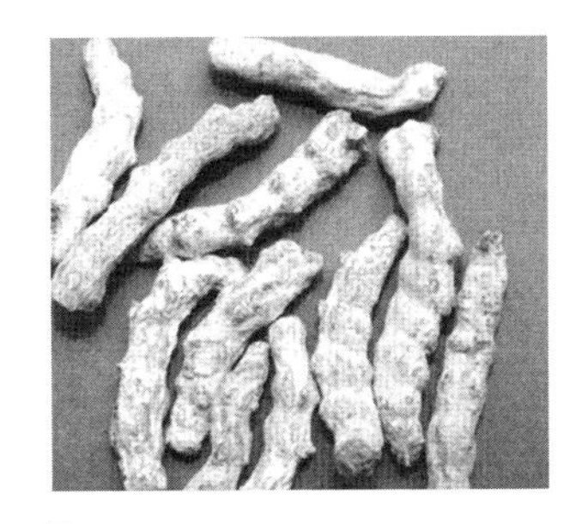

백강잠

이 아닐 수 없다. 백강잠은 흰가루병이라고도 불리는 백강병으로 죽은 누에를 말린 것이다. 백강병은 곰팡이의 일종인 백강병균(보베리나 바시아나, bauveria bassiana)에 의해 일어나는 병이다. 이 병에 걸려 죽은 누에는 하얀 균사와 포자로 덮이고 이후 딱딱해진다. 이것이 백강잠이다.

백강잠은 경련을 억제하거나 진통제로 사용되었다. 소아 경련, 편도염, 두통, 치통에 효과를 나타낸다. 또 중풍, 피부염에도 사용되었다.

☑ 갈색거저리 유충*

갈색거저리는 딱정벌레목 거저리과에 속하는 곤충이다. 갈색거저리의 유충은 흔히 밀웜이라 부르기도 하는데 이는 영어 밀웜(mealworm)에서 유래한다. '갈색거저리 유충'은 대국민 공모에서 '고소애'라는 이름을 갖게 되었다. 갈색 거저리 유충은 감칠맛이 나고 씹을수록 고소한 맛이 나기 때문이라고 한다.

---

* 갈색거저리 유충
밀웜, 고소애 이 세 단어는 모두 같은 곤충을 뜻하는 말이다.

농림축산식품부는 식용 곤충 이름짓기 공모전을 열었는데, 그때 당선된 별명이 '고소애'이다. 씹을수록 고소한 갈색거저리 유충이 우리의 몸도 건강하게 만들기를 기대한다.

갈색거저리 애벌레
갈색거저리 번데기
갈색거저리 성충

갈색거저리는 갈색빛을 띠고 있으며, '알-애벌레-번데기-어른 곤충'으로 성장한다. 갈색거저리는 번데기 상태 거친 다음 어른벌레로 변한다. 갈색거저리는 완전변태이므로 이때 애벌레를 '유충'이라고 부른다. 우리나라에서 일반 식품으로 인정한 것은 '갈색거저리 유충'이다. 갈색거저리 유충은 새, 고슴도치 등의 먹이로 사용되었다. 청결하여 애완용으로 사람들이 키우기도 하였다. 단백질과 지방 함량이 풍부하여 식품의 원료로 가치가 높다고 평가되었다. 이제 미래 식량으로 많은 사람들을 살릴 귀중한 식품으로 각광받고 있다.

과거에 사람들이 저장해 둔 곡물을 갈색거저리가 먹자, 사람들은 해충이라고 불렀다. 이제 우리나라에서 인정한 일반 식품이 되고 나서는 우리에게 꼭 필요한 이로운 곤충으로 불리고 있다. 시대마다 곤충의 사용이 얼마나 우리에게 큰 영향을 주는지 알 수 있다. 같은 곤충인데도 과거에 곡물 해충(해로운 곤충)이 현대 우리에게 먹을거리로 익충(이로운 곤충)이 된 것이다.

갈색거저리는 열악한 환경에서도 생존 능력이 강한 편이다. 일 년 내내 실내에서 키울 수 있다. 이러한 특성은 최근 우리 인간이 먹는 식품으로 키우는 데 장점으로 부각되고 있다.

최근에는 광우병 사태를 보면, 소에게 오염된 동물의 내장이나 뼛가루를 먹이는 것이 소에게 위험하다는 것을 알 수 있다. 만약 소에게 먹이는 이 사료에 소의 내장이나 뼛가루가 포함된다면 이는 윤리적으로 문제가 되며, 소에게도 당연히 해로울 수밖에 없다. 이렇게 동물의 살, 내장, 뼈 등을 가루로 만들어 사료를 만든 것을 '육골분 사료'라고 하는데, 여전히 이 육골분을 사료로 사용하는 이유는 이것을 대체할 만한 충분한 영양이 높은 사료를 찾기 어렵다는 것이다. 물론 이 이유가 소에게 닭, 돼지, 소 등을 먹이는 것에 대한 충분한 변명이 될 수 없다. 그러나 소가 자라도록 충분한 영양이 있는 사료를 주어야 하는 것은 농부에게 중요한 일이다. 소, 돼지 등 가축에게 육골분에 의해 오염된 사료를 주지 않고 영양가가 높은 단백질을 줄 수 있는 사료가 필요하다. 건강한 사료로 주목받고 있는 것이 바로 '곤충으로 만든 사료'이다. 갈색거저리 유충이 동물의 사료로도 사용할 수 있다. 이제 공식적으로 곤충으로 만든 사료로 소에게 먹이를 공급할 수 있다. 우리 인간이 육골분을 먹은 소를 먹는 것보다 곤충 사료를 먹어서 자란 동물을 먹을 때가 보다 더 건강하다고 볼 수 있지 않을까?★

앞으로 연구가 지속됨에 따라 이 곤충을 이용한 기능성 소재나 화장품 원료 등으로도 사용 가능할 것

★ 곤충이 동물성이기 때문에 사료로 사용하는 것에 대해서는 논란의 여지가 있다. 유럽연합에서는 곤충을 사료로 사용하는 것을 금하고 있다.

으로 생각된다. 중국에서는 식용, 사료용, 건강식품용도 등으로 갈색거저리를 사육한 지 100여 년이 되었는데, 최근에는 갈색거저리 공장화 생산기술을 농업부 풍수 계획에 넣는 등 기술 보급과 산업화에 주력하는 모습을 보이고 있다.

☑ 흰점박이꽃무지 유충

흰점박이꽃무지는 딱정벌레목의 꽃무지과에 속한다. 학명은 *Protaetia brevitarsis seulensis*이다. 흰점을 가지고 있고, 공중에서 잘 날기 때문에 우리 눈에 잘 띈다. 약간 편평하며 딱딱한 인상을 주지만 순하고 귀여운 모습을 하고 있다. 흰점박이꽃무지 유충은 사람들이 애벌레가 지나가는 모습을 따서 '굼벵이'라고 부르곤 한다. 농림축산식품부는 식용 곤충 이름짓기 공모전을 열었는데, '흰점박이꽃무지 유충'은 '꽃벵이'라는 이름을 갖게 되었다. 아름다운 흰점박이가 마치 꽃과 같아서 붙여진 이름이다.

흰점박이꽃무지는 약용으로 많이 사용되어 왔다. 초가집의 지붕이나 썩은 나무 등 부식성 토양에서 잘 자란다. 흔히 굼벵이도 기는 재주가 있다고 하듯, 유충은 다리가 발달되지 않아 이동할 때 다리가 아닌 등을 이용해 기어 다닌다. 자연 상태에서는 4월에서 10월 사이에 연 1회 정도 발생한다. 흰점박이꽃무지는 '알-애벌레-번데기-어른 곤충'으로 성장한다. 흰점박이꽃무지는 번데기 상태를 거친 다음 어른벌레로 변한다. 흰점박이꽃무지는 완전변태이므로 이때 애벌레를 '유충'이라고 부른다.

흰점박이꽃무지 유충

흰점박이꽃무지 유충은 간이 안좋은 사람에게 필요한 약재이다. 간암, 간경화, 간염에 효과가 있는 것으로 나타났다. 또, 유방암이나 출산 후 젖이 잘 나오지 않을 때 먹으면 효과가 있고, 관절염과 혈관 질환을 개선하는 데 도움을 줄 수 있다. 동의보감에는 '간질환등 각종 성인병치료, 뇌경색, 혈관질환등 효과가 있다.'고 기록되어 있다.

☑ 장수풍뎅이 유충

장수풍뎅이는 딱정벌레목 풍뎅이과에 속하는 곤충이다. 우리는 곤충 행사나 마트 등에서 장수풍뎅이를 쉽게 볼 수 있다. 이 곤충은 풍뎅이 중에서 가장 큰 편이고 곤충 전체에서도 큰 편에 속한다. 현재까지 우리나라에서 가장 많이 유통되고 있는 곤충이기도 하다. 수컷의 머리에는 긴 뿔이 나 있고 숲속 참나무에서 자주 발견된다.

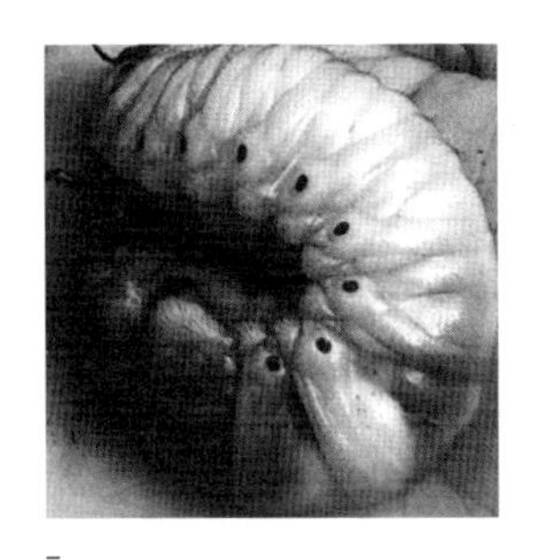

장수풍뎅이 유충

장수풍뎅이 유충도 별명이 있다. 농림축산식품부는 식용 곤충 이름짓기 공모전을 열었는데, 그때 당선된 별명이 바로 '장수애'이다. '장수풍뎅이 유충'의 앞 두 자인 '장수(將帥)'는 군사를 거느리는 우두머리 또는 몸집이 크고 힘이 뛰어나게 센 사람을 뜻한다. 장수풍뎅이 유충의 별명은 몸집이 큰 모습에서 붙여진 이름이다. 그런데 이 '장수'는 얼핏 들으면 오래 산다는 의미를 가진 장수(長壽)와 소리가 같다. 여기에 아이디어를 얻어서 장수풍뎅이 유충의 별명이 탄생한다. 장수애는 '식용으로 이용하면 건강하게 장수할 수 있도록 도와주는 애벌레'라는 뜻이다.

번데기를 거쳐 어른 곤충이 되는 완전변태 곤충이다. 유충(애벌레)의 시기와 성충(어른 곤충)의 생태가 먹이원이나 습성 등이 다르다. 이러한 특성들로 인해 학습용이나 애완용으로 주로 쓰이고 있다. 최근에는 식품으로 인정받아 음식의 재료로서 키워지고 있다. 장수풍뎅이 유충은 단백질, 지방이 풍부하여 앞으로 단백질 공급원으로 핵심적인 역할을 할 것으로 기대된다.

우리나라 식용 곤충 현황

우리나라에는 식용 곤충에 대해 연구하고 농가에서 사육하고, 다양한 식품으로 만들려는 노력을 하고 있다. 이에 대해 자세히 살펴보자.

1. 농장

우리나라에서 많이 키우는 식용 곤충으로 동애등

에가 있다. 대표적으로 충북 곤충자원연구소(현재 엔모토)는 음식물 처리로 동애등에를 키우며 친환경적인 자원을 생산하기 위해 노력하고 있다. 크게 5가지 분야로 나뉘어 곤충을 연구한다. 폐자원의 순환, 부산물의 자원화, 곤충을 활용한 환경, 바이오, 식품 분야에서 곤충 산업을 활성화시키고 있다. 동애등에를 키우기 위한 방법, 현장 실습, 곤충 시장에 대해 자세히 알려줌으로써 곤충 농가가 쉽게 동애등에를 키울 수 있도록 도움을 준다.

2. 곤충창업사관학교

경기 양주시 농업기술센터는 곤충산업 전문 인력을 양성하기 위해서 곤충창업사관학교를 만들어 운영하고 있다. 2015년부터 시작된 이곳은 곤충창업사관학교라는 말 그대로 곤충에 대해 배우고 실습하며, 산업 현장에서 이익을 얻도록 다양한 교육을 하는 곳이다. 곤충을 가지고 연구할 사람, 키울 사람, 제품을 만드는 사람은 이곳에 가면 도움을 받을 수 있다.

학생들은 해당 날짜에 지원을 하면 곤충창업사관

학교에 입학할 수 있다. 이들은 학생에게 •산업곤충 생태이해 •산업곤충 표준사육기술 •곤충체험학습 및 프로그램 개발 •식용 곤충 상품화 •멘토-멘티의 현장 실습교육 등 이론과 실습을 실시한다. 교육의 마지막 시간에는 곤충산업 사업계획을 하고 서로 발표시간을 갖는다. 학생들은 이 과정을 통해 창업에 적용할 수 있는 지식과 기능을 배울 수 있다. 여기에서 교육을 받은 학생은 "곤충창업사관학교 교육을 통해 섣부른 창업보다는 사전에 철저히 준비하고 유통망을 확보하는 등 많은 노력이 필요하다는 것을 깨달았다."고 말했다.

3. 특허

곤충이 식품으로 떠오르면서 곤충 식품을 둘러싼 특허가 새롭게 등장하고 있다. 앞으로 곤충 식품을 더 많은 사람들이 이용할수록 이 특허는 인기를 안겨줄 것이다.

갈색거저리(고소애)에는 불포화지방 함량이 높다. 이 갈색거저리 지방은 맛이 담백하고 단백질 함량과 영양가가 높은 것이 특징이다. 이 지방을 순대

고소애 순대

에 넣으면 어떨까? 농업기술센터와 글로벌푸드는 갈색거저리의 지방을 순대에 넣어 '곤충순대'를 만들었고 특허를 획득했다. 곤충순대를 먹은 사람들은 "일반 순대보다 담백하고 고소한 맛이 더 좋다"고 평가한다. 자연을 생각하고 건강에 좋은 곤충순대를 찾는 사람이 점차 많아지고 있다. 앞으로 곤충 식품에 대한 특허가 더 많아질 것을 기대한다.

4. 식용 곤충 뉴스레터

식용 곤충에 대해서 꾸준히 뉴스레터를 발행하는 곳이 있다. '이더블버그'이다. 이더블버그는 우리나라에서 아직 곤충 식품이 낯설었던 2014년부터 곤충이 식품이 될 수 있다는 뉴스를 내보내었다. 첫 뉴스는 '제품소개-한방 메뚜기 바'(2014년 9월 2일)이다. 그 후 해외 곤충 사례, 식용 곤충의 안전성에 대해 적극 알리고 있다. 이뿐이 아니다. 곤충 쿠키도 직접 만들어 사람들의 의견을 묻기도 하고 그 의견을 반영하여 곤충 쿠키, 머핀, 에너지바를 만들었다. 2015년에는 우리나라 최초 식용 곤충 카페인 '이더블 카페'를 열게 된다. 미래 식량으로 각광받는 식용 곤충에 대해 의미를 두고 제품으로 만들며, 산업 현장에 뛰어들어 사람에게 알리기 시작한 것이다. 발렌타인데이에 곤충 쿠키에 초콜릿 입히기 등 재미있는 이벤트를 하며 소비자가 곤충 식품에 좀 더 가까이 다가가도록 돕고 있다.

이더블버그 곤충 쿠키

5. 한국곤충산업협회

우리나라 곤충 산업을 발전시키고자 만든 단체이다. 곤충 식품은 앞으로 전망이 있는 식품이지만 곤충에 대해 사람들이 꺼리지 않도록 하는 것이 중요하다며 곤충에 대한 인식, 교육 등에 대해 노력하고 있다. 2008년 사단법인 추진위원회가 발족하고 2009년 국회 곤충법안이 통과되면서 2010년 농촌진흥청장 사단법인설립이 허가되었다. 귀뚜라미가 식품으로 인정되도록 노력하였고, 식품안전

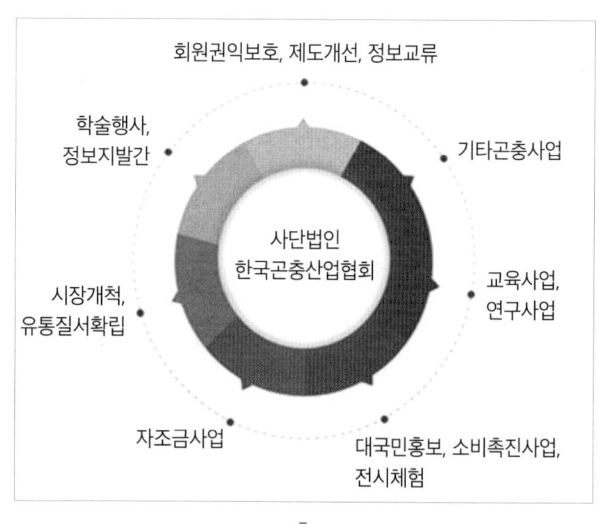

출처: 한국곤충산업협회 홈페이지(http://e-kiia.org/)

관리를 위해 곤충 사육 농가를 조사하기도 하였다. 도시에서 사람들에게 곤충 식품에 대해 알리고자 국립과천과학관에서 곤충 요리를 체험하고 시식하도록 하는 행사를 하였다.

6. 곤충 연구하는 데 앞장서는 '농진청'

농업진흥청은 곤충에 대한 다양한 연구를 한다. 곤충의 역할, 식용 곤충, 곤충 요리 등 곤충에 대해 알고 싶다면 이곳을 꼭 방문하기를 권한다. 또 이곳은 이 연구 결과를 사람들에게 홍보하거나 교육하는 역할을 하고 있다. 초등학생을 대상으로 '여름 곤충 생태학교'를 열어 학생들이 곤충을 보고, 만지고, 잠시나마 키워보게 한다. 학생들은 평소 책으로만 접한 다양한 곤충을 이 기회에 오감을 통해 배우게 된다. '우린 모두 곤충 요리의 셰프야'라는 주제로 곤충 요리에 도전하기도 한다.

7. 곤충 식품에 대해 정책을 만드는 '농림축산식품부'

농진청이 곤충 식품에 대해 연구하고 교육하는 곳이라면 농림축산식품부는 곤충 식품에 대해 정책을 만드는 곳이라 볼 수 있다. 식품의약품안전처와 함께 사람들이 보다 더 깨끗한 환경에서 자란 식용 곤충을 안심하고 먹을 수 있도록 돕는다. 곤충이 일반식품원료로 인정되면서 생산 단계부터 곤충이 안전하게 자라도록 기준을 마련하게 되었다. 그 기준은 곤충이 자라는 시설, 관리기준, 먹이 기준, 출하관리 등이다.

식용 곤충을 기르는 시설은 다른 용도로 사용되는 곤충 사육실과 별도의 격리된 장소여야 한다. 위생적으로 깨끗해야 하고, 곤충 사육 일지를 작성해야 한다. 이렇게 해서 곤충 농업인이 안전하게 곤충을 기르도록 책임감을 갖도록 한 것이다.

흰점박이꽃무지 유충, 장수풍뎅이 유충 등과 같은 부식성 곤충은 발표 톱밥을 사용한다. 이때 사용하는 목재는 원목을 사용하거나 페인트·방부제 등이 묻지 않은 폐목재를 사용해야 한다. 이렇게 하면 곤충 식품에 중금속이 들어가지 않도록 예방할 수 있다.

유충이 출하하는 시기와 냉장저장 기간을 정하였다. 유충이 출하할 때 2일 이상 유충이 먹이를 먹지 않도록 하였다. 이렇게 하면 노폐물이 없는 상태의 깨끗하고 건강한 곤충들이 유통될 수 있기 때문이다.

그 외에도 전국산업협동조합에서는 여러 농가가 모여 곤충제품을 연구하고 만들기도 한다. 쌍별귀뚜라미 협동조합은 인류에 미래식량으로 곤충의 가치를 중요하게 보고 열심히 연구하고 있다. 일반 음식부터 암 환자식에 이르기까지 가성비 최강인 곤충 식품은 도시농부 시골농부에게 친환경 음식 개발과 국민건강 식품을 개발하는 기회를 줄 것이다. 우리나라에서 곤충 식품에 대한 노력은 앞으로 더욱 확대될 것으로 기대된다.

chapter 3

옛 조상들이 먹은 우리나라의 곤충은?

우리나라에서 곤충을 먹는 사람들은 곤충이라는 인식 없이 먹는 경우가 많다. 아마 약용으로 먹어왔기 때문일 것이다. 간이 안 좋은 할아버지에게 굼벵이 진액을 선물하는 손자를 종종 볼 수 있다. 지금 우리에게는 어색하지만 할아버지와 할머니 세대에는 익숙한 이 굼벵이 진액은 현대에 서구 음식 맛에 익숙해지면서 자연스럽게 멀어진 우리의 좋은 먹거리가 아닌가 싶다. 각종 질병의 치료제로 우리의 건강을 지켜준 곤충 음식! 우리나라에서 각종 질병의 치료제로 사용해온 곤충에 대해 살펴보자.

『동의보감』 속 곤충

『동의보감』은 1610년 허준이 편찬한 백과사전과 같은 방식의 의학책이다. 허준은 1596년 그 당시 왕인 선

조의 명을 받아 이 책을 쓰기 시작했다. 그로부터 14년 뒤인 1610년 이 책이 완성된다. 허준은 정작(鄭碏)과 이명원(李命源)·양예수(楊禮壽)·김응탁(金應鐸)·정예남(鄭禮男) 등과 함께 책을 썼으나 책을 쓰는 초기에 일이 생겨서 허준 혼자 이 책을 완성하게 된다. 「내경편(內景篇)」, 「외형편(外形篇)」, 「잡병편(雜病篇)」, 「탕액편(湯液篇)」, 「침구편(鍼灸篇)」의 총 25권 25책으로 구성되어 있다.

「동의보감」의 뜻

허준은 조선의 의학 전통을 계승하여 의학 부분에서 중국과 조선의 표준을 세웠다는 뜻으로 '동의보감'이라 이름 지었다고 한다. '동의(東醫)'는 중국 남쪽과 북쪽의 의학 전통과 견줄 수 있는 동쪽의 의학 전통이라는 뜻이다. 동쪽의 의학은 조선의 의학을 뜻하는 말로 사용되었으므로, 동의는 곧 조선의 의학 전통을 뜻한다. '보감(寶鑑)'은 '보배스러운 거울'이란 뜻이다. 의학을 비추는 데 귀감이 된다는 것이다.

동의보감
출처: 문화재청 국가문화유산포탈

『동의보감』은 1613년이 되어야 내의원에서 발행하였다. 『동의보감』은 보물 제1085-2호이며, 장서각과 국립중앙도서관에 있는 소장본은 2009년 유네스코 세계기록유산으로 등재되었다.

『동의보감』에 등장하는 곤충은 다양하다. 90종 이상의 약용 곤충의 효능을 자세히 소개하고 있다. 우리가 먹을거리로 꼽는 현재 곤충 외에도 다양한 곤충이 『동의보감』에 등장한다. 꿀, 봉일, 벌 애벌레, 나나니벌, 벌집, 사마귀알, 매미허물, 굼벵이, 백강잠, 누에나방, 누에번데기, 누에똥, 베짱이, 알똥구리, 잠자리, 개동벌게, 땅강아지, 반딧불이, 매미와 선피, 풀색노린재, 오배잠 등이 있다.

정말 많지 않은가? 여기에는 누에나방과 누에번데기, 굼벵이, 꿀과 같이 익숙한 곤충이 있다. 그 외에도 매미허물, 누에똥과 같이 낯설고 때로는 이런 걸 어떻게 먹지 생각하기 쉬운 곤충부속물이 함께 있다. 누에오줌과 똥은 버리는 것인데, 어떻게 약용으로 사용했을지 어떤 질병에 효과가 있는지 궁금하다.

「동의보감」 어플

스마트폰에서 『동의보감』을 검색할 수 있다. 한자원문, 국역문, 영역문에 대한 단순검색이 가능하다. 『동의보감』에 나오는 처방, 본초, 경혈 등을 볼 수 있다.

1. 굼벵이로 만든 약

굼벵이는 약용으로 가장 많이 활용되고 있는 곤충 중 하나이다. 둘째가라면 서럽다고 할 정도니, 얼마나 약으로 많이 쓰이는지 알 수 있다. 살아 있는 굼벵이를 뜨거운 물에 넣고 삶은 다음, 햇볕에 말린다. 이렇게 만들어진 것을 『동의보감』에서는 제조(蠐螬)라는 이름으로 사용하고 있다. 간경화, 간암, 간염 등을 포함해 성인병 치료 효과가 탁월한

제조(蠐螬)는 성질은 약간 차고 맛이 짜며 독이 있는 약재로 주로 악혈(惡血), 어혈(血瘀), 비기(痺氣), 눈의 군살, 눈을 뜨고도 못 보는 증세, 백막(白膜), 뼈가 부스러지거나 삔 부상, 쇠에 다쳐 속이 막힌 증세 등을 치료하며 유즙(乳汁)도 잘 나오게 한다.

것으로 기록되어 있다. 『동의보감』에서는 궁벵이로 만든 약(제조)을 상세히 설명하고 있다.

2. 잠자리로 만든 약

고추잠자리

가을, 잠자리가 생각나는 계절이다. 가을을 대표하는 고추잠자리는 불과 몇 년 전만 해도 산을 거닐든, 농촌에 가든, 도시에서든 어디서나 볼 수 있었다. 그러나 지금은 그 수가 많이 줄었다. 고추잠자리는 '지표생물(指標生物)'로 환경에 민감하기 때문이다. 배가 붉은 고추잠자리만 해도 20여 종이 넘지만 이제는 웬만한 도시에서는 찾아보기 어렵다.

잠자리는 물속의 나무토막 등에서 산란한다. 애벌레 생활을 마치면 인근 연못이나 물가로 기어 나온다. 그리고 여름 동안 식물에 거꾸로 매달려 날개펴기(羽化)를 한다. 가을이 되면 습지로 날아와 알을 낳는다.

잠자리는 가을을 알리는 곤충이기도 하지만, 우리나라 사람들에게 좋은 약재이기도 하다. 『동의보감』에서는 잠자리를 말려서 약재로 사용한다고 기록한다. 특히, 잠자리 성충을 말린 것을 '청령(蜻蛉)'이라고 부른다.

뱀잠자리

대표적으로 사용한 잠자리는 크게 두 종류로, 고추잠자리, 뱀잠자리이다. 고추잠자리는 목병, 어린아이의 입병, 천식, 신경통, 해열제, 매독, 귀 앓이

> *청령(蜻蛉)은 정액이 절로 나오는 것을 멎게 한다. 잠자리를 볶아서[炒] 가루내어 그대로 먹거나 알약을 만들어 먹는다. 성질이 약간 서늘하고 독이 없다. 양기를 강하게 하는데 약으로 쓰려면 말려서 날개와 발을 떼고 볶아서 사용한다. 또 눈이 푸르고 큰 것이 좋고, 고추잠자리는 더욱 좋다.*

등에 효과가 있다. 뱀잠자리는 구충제, 위장약, 폐병, 화상 등 치료에 이용된다.

3. 백강잠

『동의보감』에서는 백강잠이 성질이 고르고 맛이 맵고 독이 없다고 기록한다. 누에를 키우다가 자연적으로 병에 걸려 죽은 것이어야 한다. 희고 곧은 것이 좋은 것이다. 주로 5월쯤 얻게 되는데 잘 말린 것이 효과가 좋기 때문에 여름철 습기가 차지 않아야 한다. 물기를 머금게 되면 독이 생길 수 있다고 적혀 있다. 어린아이가 놀라 발작하는 간질(경간)을 주로 치료할 수 있으며, 세 가지 벌레를 없앤다. 혹간을 덜어주고 모든 부스럼의 흉터를 치료한다고 기록한다.

기미와 흉터를 없애고 얼굴색을 좋게 한다. 가루내어 늘 바른다. 또 옷에 있는 좀과 응시백 같은 양을 가루내어 젖과 섞어서 흉터에 바르면 곧 없어진다.

4. 오배자

옻나무과인 붉나무에서 '오배자(五倍子, *Rhu chinensis Mill*)'라는 열매가 열린다. 오배자는 진딧물의 일종이 이 나무에 기생하여 잎의 즙을 빨아먹으면 그 자극으로 풍선처럼 부풀어 오른 것을 말한다. 한마디로 벌레집이다. 이 안에 있는 진딧물은 번식하여 그 수가 점점 많아지고 계속 나무의 즙을 빨아먹기 때문에 벌레집은 점점 더 커진다. 가을이 되면 어린아이 주먹만 한 벌레집이 된다. 벌레집 안에 진딧물이 얼마나 있을까? 약 1만 마리가 들어있다고 한다. 진딧물이 다 자라서 구멍을 뚫고 밖으로 나오기 전에 벌레집을 삶아 건조한 것이 바로 오배자이다. 오배자 안에 있는 진딧물을 '오배자면충'이라고 부른다.

오배자에는 타닌산이 많다. 50~70%까지 들어있다고 하니, 그 함량이 많긴 하다. 타닌산은 가죽을 다루는 데 필요하고, 검은 염료를 얻을 수 있으므로 하�거나 은빛 머리카락을 검게 만드는 데 좋은 원료가 된다. 또 머리카락이 점점 빠지는 사람에게 오배자는 탈모를 방지하는 고마운 약재이기도 하다.

이 타닌산은 단백질을 침전시키는 작용을 한다. 그래서 피부점막의 궤양이 타닌산과 만나면 피부조직에 있는 단백질이 즉시 응고되어 피막을 형성한다. 작은 혈관도 수축하고 혈액이 응고되므로 피가 날 때, 지혈효과를 가져온다. 이런 작용 때문에 두부를 만들 때 간수 대신 붉나무 즙을 넣기도 한다. 그렇게 하면 단백질이 엉겨 두부가 잘 만들어진다.

타닌산은 설사를 멈추게 한다. 타닌산은 장에 생긴 염증을 완화시키기 때문이다. 하지만 타닌산은 식물의 흡수를 방해하므로, 빈속에 많은 양의 붉나무를 먹게 되면 구토나, 설사, 변비를 일으킬 수 있다.

오배자 안에 타닌산은 다양한 바이러스를 억제하기도 한다. 시험관내에서 황색포도상구균, 폐렴구균, 장티푸스균 등을 억제 또는 살균할 수 있다. 오배자 안에는 타닌산 외에 균을 억제하는 성분이 들어있는 것이다. 이 성분은 오배자 껍질에 많이 있다.

그러나 오배자는 잘못 사용하면 독이 될 수 있다. 오배자의 타닌산은 인간의 몸에 많이 투여하면 간의 어떤 부분에서 세포가 죽는 현상이 나타났다. 오배자는 그 효능을 정확히 알고, 필요한 곳에 적정한 양을 사용해야 한다.

오배자는 약재로도 쓰였다. 『동의보감』에는 오배자를 붉나무 열매라고 기록한다. 그 속에 벌레를 잡아서 버리고, 끓는 물에 씻어서 사용하라고 기록한다. 해열, 소염, 지혈, 부인병, 화상, 해독, 치질에 특히 효과가 있다.

> *입 안이 허는 것을 치료한다. 오배자를 가루내어 바르면 곧 전처럼 먹고 마실 수 있다. 구창으로 짓무르고 아픈 것에 좋다. 오배자 한 냥, 황백(꿀을 발라 구운 것), 활석 각 닷 돈, 동록 두 돈, 사향 두 푼 반을 가루내어 약으로 바르면 효과가 매우 좋다. 입술이 당기는 것을 치료한다. 오배자·가자육 각 같은 양으로 가루내어 약을 입술 위에 바르면 곧 낫는다.*

5. 누에똥과 오줌

누에똥과 오줌도 약재로 사용했다. 누에똥은 '잠사

(蠶砂)'라는 약재로 불린다. 누에똥이 뭐 그리 좋다고 약으로까지 쓸까 생각할 수도 있다. 농업진흥청에 따르면 아토피 치료제는 세포가 정상이 되기까지 70% 정도 회복을 보이는데 누에똥 추출물은 95% 이상 회복을 보인다고 한다. 농업진흥청이 어떻게 누에똥이 아토피 치료에 효과를 나타낼 수 있는지 입증할 수 있었을까? 그것은『동의보감』의 기록 때문이다.

누에똥

『동의보감』에는 누에똥(잠사) 기록이 있다. '증법으로 억지로 땀을 내게 하는 방법'으로 '잠사·측백엽·도엽(桃葉)·겨·밀기울을 섞어 섶을 태운 땅에 손가락의 두께만큼 깐다'라고 기록되어 있다. 또 누에똥이 피부질환 치료, 항염증, 진통에 효과가 있다고 기록되어 있다. 이를 토대로 실험한 농업진흥청은 누에똥을 이용하여 아토피 피부염 치료 효과를 살펴보게 되었다.

한국잠사박물관

한국잠사박물관
(출처: 한국관광공사)

한국잠사박물관은 충청북도 청원군의 조용한 농촌에 자리잡아있다. 1995년에 개관한 우리나라 최초의 잠업 관련 전문 박물관이며, '누에'를 주제로 한 친환경 생태체험 시설이다. 누에가 자라는 과정, 누에고치에서 실을 뽑아 비단으로 만드는 과정 등을 볼 수 있다. 계절에 따라 누에만지기, 누에생태학습, 누에고치 실뽑기 체험 등 다양한 누에 체험을 할 수 있다. 1층 전시관에는 누에 비단의 어원, 누에의 생태, 옷감에 따른 고치의 양, 『동의보감』이 전시되어 있다. 그 외에도 비단전시, 양잠산물을 소재로 생산한 생산품이 있어서 볼거리가 풍부하다. 2층의 역사문화관에는 실크로드, 잠사의 역사, 양잠 민속화, 잠사관련 도구 등이 전시되어 있다.

동충하초

식물만 아니라, 곤충, 절지동물 안에 들어가서 사는 균을 '동충하초'라고 한다. 동충하초는 이들 몸 안에 들어가 살면서 그 진액을 빨며 살아가므로, 주로 기생하며 산다고 할 수 있다. 곤충 몸에 침입하는 곰팡이 종은 약 800종이다. 한국에서는 70종 이상을 채집하여 재배하고 있다.

붉고 노랗고 하얗게 건조된 동충하초가 좋은 성분 덩어리라고 불리는 이유는 바로 충초산, 충초다당, 단백질 등 때문이다. 동충하초에는 7% 정도의 충초산이 들어있다.

동충하초는 중국의 유명한 약으로 꼽힌다. 인삼, 녹용과 더불어 3대 한방 약재로 널리 알려져 있다. 우리나라에서는 동충하초를 찾아보기가 매우 어렵다. 그 이유는 자연산 동충하초는 해발 3,000미터 이상 고지대에서 주로 자라고 있기 때문이다. 제주도 한라산이 1,950m인 것을 생각하면 그 높이가 얼마나 높은지 짐작할 수 있다. 특히 아주 희귀하기 때문에 지금은 1kg에 5,000만 원을 넘는 아주 고귀한 약재이다. 동충하초는 불로장생으로도 유명하다. 진시황과 양귀비가 상비약으로 애용했다고 했다는 설이 있다. 동충하초는 현재 항암제, 마약 중독 해독제, 면역기능 강화에 사용하고 있다.

동충하초는 『동의보감』에는 기록되어 있지 않다. 그러나 청나라 『본초종신』 중에는 '폐를 보호하고 신장을 튼튼히 하며 기침과 출혈을 멈추게 하고 담을 삭인다'라고 기록되어 있다.

동충하초에 있는 충초산

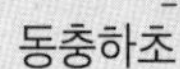

탄수화물 28.9%, 조단백 25.3%, 조섬유 18.5%, 지방 8.4%, 충초산(蟲草酸, cordycepine) 7%가 들어있다. 동충하초 종류에 따라 충초다당(蟲草多糖, polysaccharide) 충초소, 만니톨이 포함되어 있다.
이 중 충초산(코디세핀)은 매우 중요한 물질로 밝혀졌다. 동충하초에는 키닉산(quinic acid)의 이성체로 밝혀진 '코디세핀(Cordycepin: 3'-deoxy-adenosine)'이라는 아주 중요한 물질이 들어있다. 이것은 핵산물질로 세포의 유전정보에 관여한다. 면역기능을 활성화하여 정상세포가 암세포로 변하는 것을 막는다. 눈의 압력을 내리는 작용과 이뇨작용 등을 한다. 또 면역력을 증가시키고 심장과 간장을 지키며 노화방지에 관여한다.

바퀴라고 다 해충이 아냐

마다가스카르 휘바람바퀴(Madagascar hissing cockroach)는 마다가스카르 히싱바퀴라고도 불린다. 히싱바퀴는 우리가 평소 생각하는 바퀴벌레와는 다른 대형 바퀴벌레이다. 몸길이가 8~10cm 정도나 된다.

우리가 바퀴벌레를 생각하여 떠올리는 이미지는 그리 좋지 않다. 지구에 있는 바퀴의 종은 8과 4,500

여 종 이상으로 알려져 있다. 우리가 떠올리는 안 좋은 이미지의 바퀴는 이 중 4종이 만들어 낸 것이다. 자연에서 생활하는 대부분의 바퀴벌레는 자연에서 중요한 역할을 한다. 썩은 나무를 갉아먹으며 생태계가 순환하도록 돕는 분해자이다. 또 몸단장에 항상 신경을 쓰는 매우 깨끗한 곤충이기도 하다. 먹이를 찾을 때 더듬이를 사용하므로 항상 더듬이가 청결해야 하기 때문이다. 미국, 호주, 독일, 일본 등에서는 히싱바퀴를 애완용으로 찾는 사람들이 많다. 주로 무리 지어 생활하고 새끼를 돌보는 모성애도 관찰할 수 있기 때문이다.

-
마다가스카르 휘바람(히싱)바퀴

요즘 히싱바퀴가 약이 된다는 연구가 있다. 약재로 사용하는 것이니 '설마! 바퀴를 먹는거야?'라고 너무 놀라지 않기를 바란다. 우리가 생각하는 바퀴는 수많은 바퀴 중 일부라는 것을 잊지 말고, 바퀴가 자연에서 하는 고마운 역할을 생각하자.

현대 식품에서의 곤충

우리나라는 곤충을 주로 약재로 사용해왔는데, 현대에 이르러 일반 음식으로 사용하려는 움직임이 있다. 우리나라에서 곤충을 먹는다니 어떻게 먹을지 우려하는 목소리도 물론 있다. 위생적으로 깨끗할지 걱정하는 것은 당연하다. 그러나 앞에 소개한 약재로서 이용해온 곤충을 모두 음식으로 이용할 수 있는 것은 아니다. 식품으로 허가된 몇 종만 이용하는 것이기에 안심하기를 바란다.

우리나라에서 먹을거리로 만든 곤충 음식은 주로 고소애를 가지고 만든 경우가 많다. 우리나라에서 '식용 곤충 대회'가 열린 적이 있는데, 그때 소개된 음식도 고소애가 주로 많았다. 대회의 곤충 음식을 보면 먹을거리로 곤충이 점차 발전하고 있다는 것을 알 수 있다.

고소애 김부각, 고소애 누룽지, 고소애 허니버터칩, 곤충이 들어간 케일 양송이스프, 케일 단호박 스프, 꽃벵이 찹쌀떡이 있

곤충으로 만든 누룽지와 찹쌀떡

다. 이뿐만이 아니다. 처음에는 곤충으로 음식을 만들었다는 것에 놀라고, 맛있어 보여서 한 번 더 놀란다. 고소애를 가지고 만든 강정과 티라미슈는 눈으로도 혀로도 감탄한다.

고소애 강정

고소애 티라미슈

곤충을 먹을거리로 만든다고 할 때 크게 두 가지 방법이 있다. 곤충 자체를 가지고 음식으로 만든 경우, 곤충으로 사료를 만들어 그 사료를 동물에게 먹이는 경우이다. 이렇게 고소애 김부각, 누룽지 등은 바로 첫 번째 방법에 속한다. 이렇게 곤충 자체로 음식을 만들면 곤충 자체를 주재료로 하여 먹을 수 있고, 또는 양념같이 음식에 넣는 부재료로 사용하여 먹을 수 있다.

특히 이 고소애는 독특한 향과 맛을 낸다. 그동안 MSG와 같은 식품첨가물에 즐겨 먹는 우리에게 익숙한 맛을 준다. 고소애 즉석 닭발 양념과 꽃벵이(굼벵이) 즉석 닭발 양념 또한 인기가 높단다.

지방을 많이 가지고 있는 곤충은 순대에도 사용될 수 있다. 순대에 들어가는 돼지기름 대신에 곤충 기름을 사용하는 것이다. 돼지를 키울 때 들어간 성장촉진제, 항생제 등이 돼지 살뿐 아니라 돼지기름에도 녹아 있다. 순대를 먹게 되면 돼지기름, 그 안에 있는 좋지 않은 물질도 함께 먹게 된다. 만약 순대에 들어가는 돼지기름 대신에 곤충 기름을 사용하게 된다면 어떨까? 몸에 좋고 건강한 순대가 되는 것이다.

고소애로 만든 큐브치즈도 음식으로 인기가 많을 것 같다. 우유에 지방과 고소애 지방이 잘 어우러져 맛은 물론 건강에도 좋을 것이기 때문이다. 곤충을 먹는 것이 꺼림직하고 징그럽다고 생각하기 쉽다. 이제 식량으로 곤충은 맛있고 먹고 싶은 음식으로 변화를 시도하고 있다. 앞으로 어떤 곤충 음식이 나올지 기대하길 바란다.

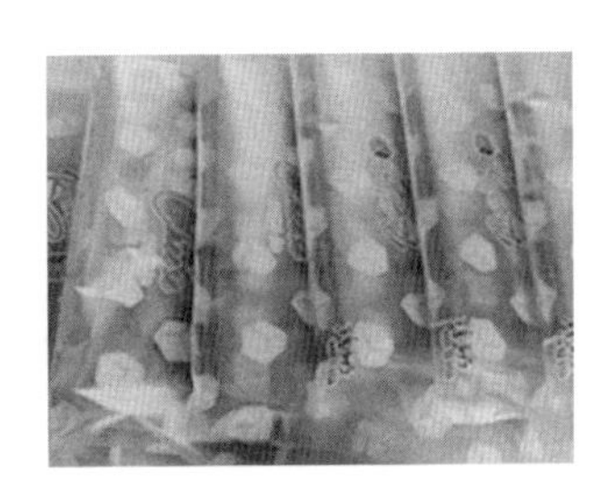

고소애 큐브치즈

곤충 식품을 맛있게 먹을 수 있을까?

곤충을 먹는 방식은 다양하다. 크게는 곤충을 통으로 섭취하는 방식과 분말(반죽)의 형태로 섭취하는 방식, 그리고 단백질이나 지방 등을 추출해서 섭취하는 방식이 있다. 곤충 튀김들은 통째로 곤충을 섭취하는 방식의 대표적인 음식이다. 때론 날개나 등껍질 등 일부분을 제외하기는 하지만, 많은 열대 국가에서는 통째로 먹는다.

-
고소애를 이용한 미트볼

곤충은 단백질이 많이 들어 있기 때문에 가루로 만들어 반죽하면 영양가를 높일 수 있다. 대부분의 반죽은 탄수화물 위주이기 때문이다. 빵이나 면, 과자 등의 반죽에 곤충 가루를 넣거나 어묵이나 고기 패티에 넣을 수도 있다. 곤충에 따라서는 감칠맛이 있어 맛을 향상시키는 목적으로도 사용될 수 있다.

콩이나 우유처럼 단백질을 추출해서 사용할 수도 있다. 물론 단백질 이외에 지방이나 키틴질 등 특정

물질을 추출하는 것도 가능하다. 곤충에 대해 거부감을 느끼는 사람들은 이와 같이 추출된 영양소를 이용한 제품을 선호할지도 모른다. 하지만 현재 단백질 추출할 때 돈이 많이 들기 때문에 지속가능한 단백질원을 얻기 위해서는 보다 많은 연구가 필요할 것이다.

우리나라에도 이미 다양한 곤충 식품이 시중에 나와있다. 번데기 통조림을 비롯해서, 곤충 쿠키와 소면, 빵과 초콜렛, 조미료 등 다양한 형태의 제품들이 판매되고 있다. 식품회사들이 이와 같이 곤충 식품을 출시하는 것은 여러 가지 이유가 있다. 영양적인 목적도 있고, 때로는 맛을 향상시키기 위해서도 있다.

곤충 쿠키나 빵, 소면의 경우는 영양적인 목적이 강하다. 밀가루나 설탕 등 탄수화물 위주로 이루어진 식품에 단백질을 보강하는 것이다. 물론 콩에서 추출한 단백질 등 다른 단백질 원료도 있지만, 향후의 지속가능성과 동물성 단백질을 섭취할 수 있다는 점에서는 곤충 단백질이 뛰어나다. 곤

국내 시판중인 곤충 쿠키

충 식품에 익숙하지 않은 이들에게 곤충 식품을 알리는 홍보의 목적도 있을 것이다. 또, 곤충 음식을 처음 접하는 사람에게는 복잡한 조리 과정이 없고 먹기 편리한 과자가 용이할 수 있다.

조미료나 양념에 사용되는 경우도 있다. 고소애로 불리는 갈색거저리 유충의 경우 불포화지방산을 많이 함유하고 있다. 이 때문에 동물성 지방이 가져다주는 고소함을 갖고 있다. 또 잘 건조된 고소애는 마치 건새우와 같은 향이 난다. 육수를 우려내거나 감칠맛을 더하기에 좋다.

고소애를 이용한 조미료

곤충 식품을 먹어보지 못한 이들 중에는 어떻게 맛을 위해서 먹느냐고 할지 모르지만, 한편으로는 곤충만이 가져다 줄 수 있는 식감과 향을 즐기는 사람들이 있다.

고소애 순대는 맛에 중점을 두고 곤충을 활용하기 좋다. 순대를 만들기 위해서 일정 부분의 돼지기름이

들어간다. 이러한 돼지기름의 향을 싫어하는 사람들이 있다. 갈색거저리 유충은 담백한 맛을 낼 수 있어서 돼지기름에 비해 훨씬 담백한 맛을 낼 수 있다. 또, 갈색거저리 유충이 지닌 지방은 불포화지방산 비중이 높아 건강에도 좋다. 고소애 순대를 취급하는 식당은 현재 우리나라에 5곳이며 계속해서 늘어나고 있다고 한다. 고소애 순대를 생산하는 업체에 따르면 일반 순대·순대국에 비해 고소애 순대가 더 잘 팔리고 있다고 한다. 이는 담백한 맛 때문에 고소애 순대를 다시 찾는 고객이 늘기 때문이라고 한다.

돼지 지방 대신 고소애를 활용한 순대

영양과 맛, 두 가지를 모두 잡기 위한 식품도 있다. 쉐이크와 같은 음료들은 쿠키나 소면 등에 비해 곤충을 다량 함유할 수 있다. 그래서 곤충을 이용하면, 고단백인 음료를 만들 수 있는데 고소애의 고소한 맛과 우유의 고소한 맛이 만나면서 풍부한 맛을 만들어 낸다. 쉐이크 한잔에 성인 기준 1~2끼 분량의 단백질을 섭취할 수 있고, 키틴질이 있어 포만감까지 줄 수 있다. 이 때문에 고소애 쉐이크를 식사 대용으로 먹는 이들도 많다.

고소애 쉐이크

반죽이나 음료 이외에 색다른 형태의 곤충 식품도 있다. 귀뚜라미 스프래드나 메뚜기 망고 처트니 등, 잼이나 스프래드 류에 곤충이 들어가기도 한다. 잼이나 스프래드는 과일, 견과류 등 원재료의 질감이 살아 있는 경우가 있는데, 이 때문에 곤충이 함유되어도 별다른 이질감이 느껴지지 않는다. 곤충의 형태와 맛, 향을 느낄 수 있으면서도 이질감을 덜 느낄 수 있는 것이다. 영양적인 보충까지 생각한다면, 달기만 했던 잼에 단백질과 여러 무기질을 보충할 수도 있다.

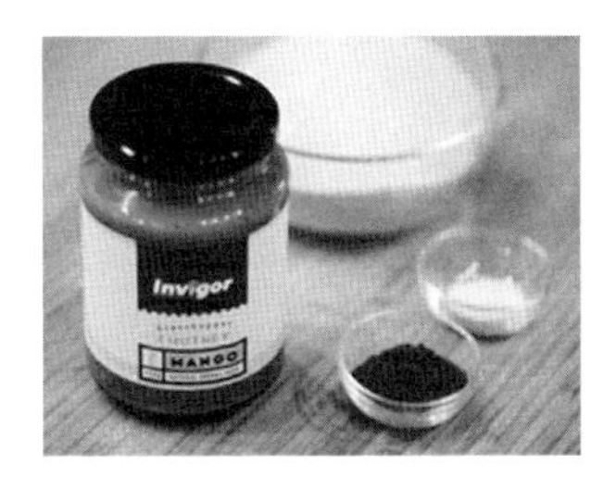

메뚜기를 이용한 그래스호퍼 망고 처트니

chapter 4

태국에서 인기 간식은 간장과 유사한 골든마운틴 소스와 고추에 튀긴 귀뚜라미를 버무린 요리 '징 리드(jing leed)'이다. 멕시코에선 철판에 구운 개미인 '치카타나(chicatanas)'를 즐겨 먹는다. 브라질에서는 개미가 가장 대중적인 간식으로 손꼽힌다. 우리나라에서도 예로부터 메뚜기를 튀겨 먹어 왔다. 곤충은 이전부터, 사실상 인류 역사의 시작부터 먹어온 식품이다. 하지만 곤충을 식량으로써 이용하고 산업화하려는 움직임은 최근부터이며 구체적으로는 유엔의 농업식량기구(FAO)의 보고서가 발표된 이후다. 이에 따라 한국뿐만 아니라, 중국, 미국이나 유럽 등 세계 각지에서는 곤충을 식품으로 만들려고 하는 움직임이 있다.

곤충을 먹는 나라에 대해 이야기를 할 때 우리는 처음에 유럽이나 미국을 떠올리지 않는다. 서구 문화를 접하는 기회이기도 한 영화나 광고에서 우리는 곤충을 먹는 서구 사람들의 모습을 보기가 쉽지 않다. 간혹 등장한다면 약간 특이한 사람이나 문화를 접하지 못한 사람에게서 그 모습이 보인다. 현재 곤충을 먹는 나라의 대부분은 주로 아프리카나 동남아시아에 집중되어 있다. 이 책을 앞부분부터 쭉 읽은 사람이라면 곤충을 먹는 사람들에 대한 예시가 주로 아프리카나 동남아시아에 집중되어 있다는 것을 알 수 있을 것이다.

캄보디아에서 판매되고 있는 다양한 식용 곤충들

아프리카에서 곤충 엿보기

아프리카에서 곤충은 먹을거리가 부족한 시기에 식량으로서 중요한 먹을거리였다. 사냥감이나 물고기를 잡기 어려운 우기★에 곤충은 아프리카 사람들에게 중요한 역할을 한다. 기후 조건에 달라 곤충을 어떻게 먹느냐는 달라지지만, 애벌레는 특히 우기에 인기가 높다고 한다.

☑ 콩고

FAO의 2014년 보고서에 의하면, 학자들은 1993년 콩고 민주 공화국에 사는 사람들이 계절별로 곤충을 어떻게 섭취하는지에 대해서 연구했다. 이 연구에 따르면, 콩고 민주 공화국의 열대우림에서 느간두(Ngandu) 족 사람들은 야생 수렵이나 경작을 주로 하는데, 이를 통해서 채소, 버섯, 새, 생선, 곤충 등을 주로 먹으며 산다.

또 다른 학자는 1975년 콩고 민주 공화국의 툼바 호수 지역에 사는 사람들의 월별 강우량과 생선, 애벌레, 사냥감을 먹는 식사 횟수를 알아보았다. 콩고에서 애벌레를 먹는 때를 살펴보면, 콩고 사람

---

* **우기**
일 년 중 비가 가장 많이 오는 시기. 우기의 길이는 보통 1개월에서 수 개월 정도이다.

들이 생선이나 사냥감을 잘 못 잡는 달에 애벌레를 좀 더 많이 먹는 것으로 나타났다. 생선이나 사냥감을 잘 잡는 6~7월은 애벌레를 적게 먹는다. 그러나 생선이나 사냥감을 잘 못 잡는 달인 9월에는 애벌레를 압도적으로 많이 먹는 것으로 나타났다. 애벌레는 먹을거리가 부족한 시기에 생선이나 사냥감을 대체하는 보충 음식으로 사용되었다는 것을 알 수 있다.

콩고 민주 공화국의 툼바 호수 지역은 11월에 주로 비가 많이 온다. 이 11월에 이곳 사람들의 생선, 애

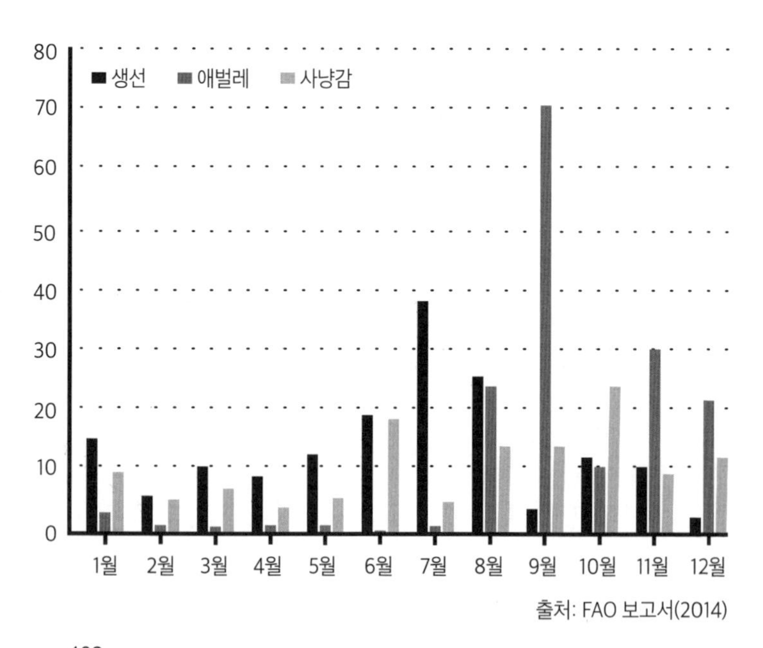

출처: FAO 보고서(2014)

벌레, 사냥감을 먹는 식사 횟수를 살펴보면, 특히 애벌레의 섭취가 매우 높다는 것을 알 수 있다. 이는 우기에 애벌레의 인기가 높다는 것을 알려준다. 콩고 민주 공화국의 수도는 킨샤사인데, 이곳 시장은 일 년 내내 애벌레를 파는 장소이다. 킨샤사에 사는 사람들은 가정마다 약 300g의 애벌레를 먹는 것으로 알려져 있다. 이들에게 왜 애벌레를 먹느냐고 질문을 했을 때, 이들은 영양가와 맛 때문에 애벌레를 먹는다고 응답하였다. 무려 8백만 명의 킨샤사 사람들을 대상으로 설문조사를 하였는데, 약 70% 정도의 사람들이 영양가와 맛 때문에 애벌레를 먹는다고 하니, 이곳 애벌레는 꼭 한번 맛보고 싶은 생각이 든다.

☑ 마다가스카르

마다가스카르에서는 쌀을 주식으로 먹는데, 건기가 끝날 무렵에 쌀 소비량은 감소하고 곤충 소비는 늘어난다. 주민들은 건기가 끝나는 시점에 숲에 가서 애벌레를 채집한다. 이는 비가 오기 직전에 잎이 커지기 때문이다. 이때 잡은 애벌레는 말린 다음 저장하여 식량이 부족한 시기에 사용한다.

Okulinga ensenene

아프리카 탄자니아에는 "Okulinga ensenene"라는 말이 있다. 탄자니아 바하야족은 들판에서 메뚜기를 찾기 위해 아침을 일찍 나서는 모습을 의미한다. 아침 일찍 오두막에서 메뚜기를 찾기 위해 길을 나선다. 메뚜기를 찾으면 마을에 큰소리를 질러 사람들에게 알린다. 어린아이들과 여성, 노인들은 이 소리를 듣고 메뚜기를 잡으러 간다. 메뚜기를 발견되는 장소가 사유지라고 할지라도 이때만큼은 모두가 사용하는 공유지가 된다.
메뚜기는 풀, 꽃, 쌀, 기장, 옥수수, 수수 등을 먹이로 한다. 전통적으로 메뚜기는 낮에 이들이 많은 들판에서 채집하곤 한다.

☑ 중앙아프리카

중앙아프리카에서는 계절별로 애벌레 채집량이 다르다. 애벌레는 중앙아프리카 공화국에서 7~10월 중 가장 많이 채집된다. 주민들은 우기에 하루에 한 사람당 평균 40마리 정도 애벌레를 채집한다. 우기가 올 때쯤 숲속에 가서 애벌레를 잡아서 말리거나 훈제하여 저장한다. 신선할 때 먹기도 하지만 앞으로 시작될 우기를 대비하여 식량을 저장하는

지혜를 발휘한다. 건기에는 애벌레를 잘 섭취하지 않는다. 그바야(Gbaya) 주민들은 보통 90종 이상 곤충을 섭취한다. 이들이 곤충을 통해 섭취하는 단백질의 양은 15% 정도이다.

중앙아프리카 반두두과 킨샤시, 브라자빌에 주민들은 애벌레를 다른 그곳에 비교해 애벌레를 오랫동안 섭취한다. 동카사이와 서카사이에서 애벌레를 보통 7~9월에 주로 채집하는 것과 달리 9~12월까지 채집하여 오랫동안 섭취한다.

서구의 관점이 아프리카에게 준 슬픈 일

서구의 관점으로 아프리카 곤충을 먹는 사람에게 충고하는 것이 때로는 해가 되기도 한다. 곤충을 식량으로 보지 않는 서구의 관점이기에, 원주민의 생활습관에 갈등을 불러일으킬 수 있기 때문이다.
아프리카 말리에서는 아이들이 전통적으로 메뚜기를 잡아 간식으로 먹는다. 2010년 이후 서양의 한 기술자는 좋은 마음으로 말리 사람들에게 조언을 했다. 목화 수확량을 높이려면 농약을 사용해 곤충을 잡도록 말이다. 이 기술자의 권유는 좋은 마음으로 한 조언이었으나 그 결과는 말리 사람에게 좋지 않았다. 기술자의 말대로 농약을 사용한 결과, 메뚜기가 사라진 것이다. 그뿐만이 아니다. 이 지역 아동 23%가 단백질 결핍증을 겪었다.

중앙아프리카의 애벌레 채집량													
주	통칭	1월	2월	3월	4월	5월	6월	7월	8월	9월	10월	11월	12월
중앙아프리카 공화국							■	■	■	■			
카메룬								■	■	■	■		
콩고 민주 공화국	동카사이						■	■					
	서카사이							■	■	■			
	반둔두									■	■	■	■
	킨샤사									■	■	■	■
콩고	상가								■	■			
	리쿨라								■	■			
	브라자빌										■	■	■
	풀	■											
	플라토	■											

출처: FAO 보고서(2014)

아시아 국가에서 곤충 엿보기

여러 아시아 국가가 먹을거리로 곤충을 찾고 있다. 중국, 태국, 인도 등을 포함하는 동남아시아 국가를 포함한다.

☑ 태국

태국은 2만 개 이상의 농가에서 연간 8,000톤 정도 곤충을 생산한다. 이들 국가는 단순히 곤충을 몇 년에 걸쳐 사용해온 것이 아니라 먼 고대부터 전통적으로 곤충을 먹을거리로 사용해왔다.

태국 사람들은 튀긴 곤충을 맥주와 함께 먹을 정도로 곤충은 인기 있는 음식이다. 메뚜기, 대나무 웜, 나무속 유충, 물방개 등을 꼬치에 끼워 먹는 길거리 음식은 이곳 사람들이 자랑하는 간식거리이다.

태국 사람들은 계절에 따라 먹는 곤충의 종류가 다르다. 태국, 라오스, 미얀마, 베트남 등에서는 곤충이 살기에 좋은 환경이 다양해서, 다양한 곤충들을 일 년 내내 채집할 수 있다. 이들 동남아시아 나라들은 150종 이상의 곤충이 식용으로 섭취되는 것으로 나타난다. 태국 사람들이 달마다 먹는 곤충의 종류를 보면 곤충을 얼마나 즐겨 먹는지 알 수 있다.

태국 사람들에게 "곤충을 먹는 거 괜찮아요?"라고 물을 때 "아니요."라고 대답하는 사람은 찾기 어려울 것 같다. 같은 지구에 살아도 다양한 음식을 먹는 사람들이 있고 식성이 다르다고 생각할 수 있으나, 이들이 먹는 곤충은 사람에게도, 자연에도 좋은 음식인 점은 분명하다.

태국의 월별 식용 곤충 가용성	
월	곤충
1월	메뚜기, 남생이잎벌레, 팔랑나비
2월	붉은 개미 성충, 쇠똥구리, 풍뎅이, 노린재
3월	매미, 흰개미, 쇠똥구리
4월	쇠똥구리, 메뚜기
5월	땅귀뚜라미
6월	물장군, 나무구멍 딱정벌레, 물방개
7월	송장헤엄치게, 얼룩 물장군, 실잠자리, 거미
8월	꿀말벌, 말벌, 딱정벌레
9월	코뿔소 딱정벌레, 거미
10월	귀뚜라미
11월	하늘소
12월	땅강아지, 헤엄치게, 진물장군, 물청소풍뎅이, 물장구애비

출처: FAO 보고서(2014)

☑ 대한민국

우리나라는 주로 벼메뚜기를 먹었다. 과거 우리나라에서도 벼메뚜기를 햇볕에 잘 말려서 간장과 설탕으로 요리하였다. 가을철 메뚜기는 가정에서 반찬이나 간식으로 올라왔다. 그러나 우리나라가 1970년대부터 살충제를 사용하기 시작하면서부터 벼메뚜기는 급격히 감소하였다. 요즘 유기농으로 재배한 곡물이나 채소가 인기를 끌자 농부들이 살충제를 적게 사용하기 시작했다. 그래서 요즘 벼메뚜기가 점차 많아지고 있다는 반가운 소식이 들려온다.

☑ 일본

일본에서도 메뚜기를 즐겨 먹었는데, 이들은 쌀 추수와 밀접하게 관련된다. 가을철 쌀을 추수할 때가 되면 사람들은 메뚜기를 채집하러 논으로 향한다. 아침에 이슬에 젖은 메뚜기는 둔해지므로 아침 시간에 쉽게 잡힌다. 채집한 메뚜기를 하룻밤 산 채로 두면 배설물이 잘 배출된다. 채집 후 다음날 메뚜기를 잘 말려 최대 1년까지도 저장한다고 한다.

중국에서 곤충 엿보기

중국에서는 5,000년 전부터 곤충을 약재로 사용하거나 먹을거리로 사용해왔다. 우리에게 곤충을 먹을거리로 사용한다는 것은 생소한 일이지만, 중국 미식가들에게 곤충을 먹는 것은 익숙한 일이다. 중국은 메뚜기, 귀뚜라미와 같은 곤충뿐 아니라 전갈도 맛있는 간식거리로 사용해왔다. 중국인들이 자주 가는 식당에 있는 유충 조림은 누에 등 번데기를 조려서 만든 음식이다.

이제 곤충은 자연의 한 부분을 넘어서 산업의 한 부분으로 두각을 나타내고 있다. 먹을거리로써 곤충은 사람들이 이용할 수 있는 충분한 가치가 있는 소중한 자원으로 인식하고 있으며, 이러한 인식은 점차 퍼지고 있다. 어떤 학자는 곤충이야말로 신이 인간에게 준 최후의 선물이라고 말하기도 한다. 유구한 역사만큼 큰 땅덩어리를 자랑하는 중국에서 곤충은 어떤 모습으로 인간과 관계를 맺으며 살았을까?

곤충에 대해 말하자면, 중국 사람은 그 조상 대대로부터 할 말이 많다. 아마 다른 나라에서 곤충을 이야기할 때 옆에 중국 사람이 있다면 우리나라만큼 곤충과 깊은 관련을 맺은 나라는 없을 것이라며 단언할 것이다. 중국은 그 조상 대대로 누에를 이용해왔다. 그 역사가 무려 5,000년이라고 한다. 누에를 길러 고치를 생산하는 일인 '양잠'은 최소한 3,000년 이상의 역사를 갖는다.

오배자는 주머니 모양으로 사람의 귀와 같이 생겼다. 주머니이지만 그 안에 아무것도 없이 텅 비어 있고, 호기심 많은 사람이라면 분명히 맛봤을 텐데 맛이 매우 시다. 벌레혹이라고 무시할 것이 못 된다. 예로부터 한방에서는 오배자를 지혈·해독·항균의 효력이 있어서 설사·탈항·위궤양 등에 처방하기도 하였다.

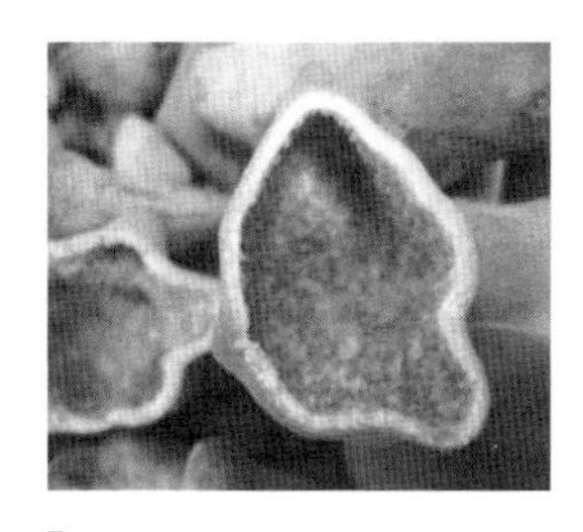

오배자

타닌 성분을 50~60% 함유하고 있어 피부의 상처 회복을 돕고, 설사를 멎게 하는 데도 효과적이다. 또 염모제나 잉크의 원료가 된다.

2,000년 전 오배자에 대한 기록이 중국에 있는데 『산해경★』에서 제시되어 있다. 『산해경』은 각종 신화가 등장하는 중국의 고전으로, 중국에서 가장 오래된 지리서이다. 여기에 오배자에 대한 기록이 있는 것을 보면, 중국인들에게 곤충은 삶에서 꽤 비중 있게 차지

★ **산해경[山海經]**

고대 중국 신화의 기본이 모두 포함되어 있으며, 총 18권으로 되어 있다. 고대신화, 종교, 지리, 동물, 광물 등에 관한 이야기에 100여 개의 주변국, 550개의 산 등의 정보가 가득 담겨 있다. 산해경을 쓴 사람에 대해서 하(夏)나라 우왕(禹王) 또는 백익(伯益)이라는 주장과 BC 4세기 전국시대 후의 저작이라는 주장이 서로 논쟁 중이다.

한다는 것을 알 수 있다.

중국은 넓은 대륙만큼 다양한 곤충이 살고 있다. 학자마다 차이가 있지만 약 20만~30만 종의 곤충이 중국에 사는 것으로 알려져 있다. 이들은 모양, 습성, 행동이 각기 다양하다. 우리가 앞에서 보았듯이, 곤충은 생존 기간이 짧고, 번식이 빠르며, 많은 물과 토양이 필요하지 않은 것은 물론 영양도 풍부하여 먹을거리로 주목받고 있다. 곤충은 지구상에서 아직 충분히 개발되지 않은 최대의 먹을거리의 보고라고 할 수 있다. 중국은 최근 이러한 먹을거리로써 곤충의 가능성을 크게 보며, 곤충 산업을 육성하고 있다. 어쩌면 과거로부터 이어져 온 먹을거리로서의 곤충의 가능성을 이제 더 높이 인식하고 곤충 산업에 박차를 가한다고 보는 것이 맞겠다.

중국의 곤충 산업은 화분 매개, 약용, 먹을거리, 사료, 관상 및 수공예, 천적용, 분비물, 법의학 등 다양하다.

1. 곤충은 중매쟁이

중국은 최근 꿀벌을 이용하여 농작물을 얻는 연구

를 하였고, 꿀벌을 이용하면 경제적으로 효과가 크다는 것을 알게 되었다. 많은 나라에서 꿀벌을 이용한 농작물을 얻는 것은 중요한 농업 정책 중 하나이다. 중국도 마찬가지로 작물에 꽃이 피었을 때 벌을 이용함으로써 농작물의 수분을 돕도록 제도적으로 마련하였다. 보고에 따르면 이러한 효과로 중국은 30~200% 생산량이 늘어났다. 이때 이용한 곤충은 다양하다. 꿀벌, 뿔가위벌류(Osmia 속), 호박벌이 주로 사용되지만 파리, 나비, 모기도 사용된다. 맛있는 과일을 얻는 데 파리와 모기가 사용된 것이 우리에게 좀 낯설지만, 이들도 중국에서는 이로운 곤충으로써의 역할을 하는 셈이다. 이들은 면화, 채소, 오이·참외·토마토와 같은 과채, 유채의 수분을 돕는다.

2. 약으로 곤충 먹기

중국은 동양의학의 발상지이다. 예로부터 곤충류가 약용으로 많이 사용됐다. 중국에서 약용으로 사용하는 곤충 중 가장 유명한 것은 동충하초이다. 특히 박쥐나방의 유충에 동충하초균이 기생하여 만들어지는 동충하초를 사람들이 가장 선호한다. 6월에 접어들면, 칭짱(青藏)고원의 동충하초 채집이 마무리 단계에 들어선다. 중국 자유 거래 시장에서 동충하초를 사고파는 일이 활발하게 이루어진다. 이 동충하초는 머리 부분이 크고, 영양분이 많은 것이 특징이다. 칭하이(青海, 청해)성에서 나는 동충하초는 중국에서 거래되는 동충하초의 60% 이상을 차지한다. 중국 '동충하초 제일 현'이라 불리는 동충하초는 짜둬 현에서 자라는 동충하초를 말한다.

칭하이성에 있는 자유 거래시장은 길이가 1km 정도 된다. 이 엄청난 거리에서 노점상들은 저마다 대나무에 동충하초를 올려놓고 판다. 재미있는 것은 동충하초 매집 상들은 '소매통'으로 가격 협상을 진행하는 모습이다. 오른손 악수를 하며 손가락으로 최종 가격을 결정한다. 파는 사람이 난처한 표정을 짓기도 하고 함박웃음을 짓기도 하는데, 결국 최종적으로 가격이 결정되면 서로 악수를 하고 헤어진다.

동충하초 외에도 흙 바퀴, 꽃매미, 백강잠, 백강균

에 감염된 누에 번데기, 사마귀 알집, 매미의 허물 등이 약으로 쓰인다. 사람들이 잘 알고 있는 파리 구더기로부터 얻은 항균 펩타이드는 곤충이 약용으로 사용하는 데 첨단기술 산업을 연 장본인이기도 하다.

3. 밥상에 올라온 곤충

중국에서 먹을거리로 사용하는 곤충은 얼마나 될까? 워낙 넓은 곳이라 정확한 수는 파악하기 어렵지만, 중국 운남성 남부에서는 100여 종 곤충이 사람이 먹을거리로 사용하는 것으로 알려져 있다. 앞으로 그 곤충을 이용한 다양한 요리가 곧 선보일 것이기에 기대된다.

평범한 밥상에 곤충이 올라와 있는 모습이 우리에게 달갑지 않을 수 있으나, 중국 사람들에게는 예외일 것이다. 중국은 50개 이상의 소수 민족으로 구성되어 있는데, 이들은 저마다 독특한 음식 문화를 가지고 있다. 여기서 곤충의 위치는 중국 소수 민족에게 양질의 단백질과 철분, 칼슘을 준 소중한 음식 재료이다. 중국 사람이어도 워낙 다양한 사람들이 소규모를 이루며 살기 때문에, 중국 사람이 곤충을 먹는 것을 보며 같은 중국 사람이어도 곤충을 먹는 것에 놀라기도 한다.

방귀벌레는 좀 특이하다. 그러나 『본초강목』에는 '구향충'이라 하여 우울하거나 기력이 부족할 때 큰 효과가 있다고 전해진다. 그래서 사람들은 기운이 없을 때 방귀벌레를 잡아먹기 시작했단다. 우선 방귀벌레는 온수에 담가 냄새를 제거하고 말린 다음, 기름에 튀겨낸다. 여기에 미나리, 생강채, 고추, 산초 열매, 박하채 등과 함께 먹는다. 이렇게 중국 사람들이 즐겨 먹는 방귀벌레 음식을 보며, 어떤 중국인들은 도저히 못 먹겠다며 고개를 갸우뚱하기도 하기도 한다. 큰 나라에 다양한 민족이 사는 곳이니만큼 곤충에 대한 식성 또한 다양하다는 것을 알 수 있다.

중국은 식품으로서 곤충의 가능성을 크게 본다. 그 이유로 곤충이 갖는 단백질과 지방, 미량 원소를 꼽는다. 곤충은 단백질이 높은 데 50~70% 정도로 매우 높고, 이 중 필수 아미노산도 많이 사람이 먹기에 적합하다. 필수 지방산과 칼슘, 철분 등 미량

원소는 간혹 부족하기 쉬운 영양소를 골고루 채워 준다.
이 중 지방에 주목해보자. 곤충의 지방은 콜레스테롤을 낮추게 해주기도 한다. 곤충의 종류에 따라 차이가 있지만, 콜레스테롤이 많은 사람에게 곤충의 기름은 환경적으로 깨끗하고 건강에도 좋은 약이 된다. 곤충으로부터 얻은 기름을 '곤충유지'라고 부르는 데, 주로 누에의 번데기로부터 얻는다. 누에의 번데기를 압착하여 얻은 '잠용유(번데기 기름)'는 외국에서 약으로 수입할 만큼 그 효과가 좋다고 한다.
곤충에서 지방은 사람에게뿐만 아니라 이것을 먹는 동물에게도 중요한 역할을 한다. 곤충에 우수한 지방은 곤충을 먹는 동물의 장에 도움을 준다. 예를 들어, 동애등에는 짧은 시간 안에 많은 돼지, 소, 닭 등의 소화를 촉진해 주위 환경을 정화하는 역할을 한다.

4. 동물에게 주는 사료

중국의 곤충 산업을 이끄는 중요한 부분이 바로 동

물의 사료이다. 여기에 쓰이는 곤충으로 중국에 떠오르는 곤충 영웅은 단연 '갈색거저리'라 할 수 있다. 중국의 곤충 산업을 이끈 두 기중은 집누에(가잠)과 꿀벌이다. 집누에는 중국의 비단길을 열었던 주인공이었으며, 꿀은 농작물을 얻는 데 효자 노릇을 톡톡히 하는 곤충이다. 여기에 과감하게 끼어든 이 갈색거저리는 그 쓰임새가 지금까지와 다르게 앞으로 더욱 기대되는 곤충이다.

중국에서 판매되는 갈색거저리

2014년 통계자료에 의하면, 갈색거저리 수출량은 1,000톤이다. 산동성의 갈색거저리는 전체 시장의 80%를 차지할 만큼 크다. 중국 사람들에게 갈색거저리는 앞으로 설명할 4가지 이유에서 특별하다.

첫째, 갈색거저리는 쓰레기를 재활용으로 바꾸는 데 선수이다. 농업에서 밀집과 같은 식료품 쓰레기가 많이 발생하는데, 갈색거저리는 이것을 음식으로 하여 성장한다. 갈색거저리에게 톱밥으로 밀집을 주면, 밀집이 줄어드는 만큼 갈색거저리가 많아진다. 밀집을 먹고 싼 똥은 훌륭한 퇴비가 된다. 이 퇴비는 농작물이 자라는 데 쓰인다. 그래서 갈색거저리 똥은 땅을 비옥하게 만들어 농가의 인기가 대단하다. 그동안 쓰레기로 취급되었던 밀집이 퇴비가 되어 다시 농작물이 자라는데 좋은 영양분이 되는 것이다. 쓰레기 처리 비용도 아끼고 환경에도 좋으며 농가에도 좋은 '일석삼조'이다. 갈색거저리의 재활용 솜씨는 여기에서 끝나지 않는다. 이렇게 자란 갈색거저리는 인간에게 꼭 필요한 단백질까지 준다. '일석사조'인 셈이다.

둘째, 갈색거저리는 우수한 단백질 사료로 가축에게 제공된다. 소, 돼지, 닭에게 준 곡식 사료는 물론 좋은 사료이기는 하지만, 그 안에 치명적인 단점이 있다. 바로 단백질 부족이다. 만약 사료를 곡식에서 갈색거저리로 바꾸게 되면, 동물은 우수한 단백질을 얻을 수 있다. 여기에 사용되지 않은 곡식은 그동안 사람이 먹어야 할 곡식을 동물에게 준다는 생명윤리 쟁점을 해결하는 키워드가 될 수 있다. 즉, '굶어 죽는 사람이 있는데 왜 곡식을 동물에게 주는가!'에 대한 쟁점에 해결책이 될 수 있다. 동물의 사료가 갈색거저리로 대체된다면, 그동안 여기에 사용된 곡식은 오랫동안 문제가 되었던 사람과 가축의 배분 문제를 해결할 수 있다. 동물이 아닌 사람이 이 곡식을 사용할 수 있다.

갈색거저리는 동물에게 소화가 잘 되므로 몸집이 큰 동물에게 좋은 먹잇감이 된다. 갈색거저리는 곤충의 딱딱한 부분인 갑각질의 비중이 다른 곤충에 비교해 작다. 그래서 사료로 사용하기에 귀뚜라미보다 좋다는 평가가 대부분이다.

셋째, 갈색거저리는 여러 가지 음식으로 만들 수 있다. 갈색거저리는 우수한 단백질을 가지고 있다. 여기에 갈색거저리 기름은 콜레스테롤을 낮출 수 있을 만큼 품질이 우수하다. 그래서 중국 사람들은 식용유와 갈색거저리의 기름을 혼합하여 사용한다. 갈색거저리 기름으로 건강한 기름을 만들거나 감칠맛을 활용하여 조미료를 만든다. 또 지방을 제거하여 탈지 단백질 식품을 만들기도 한다. 고단백질 아미노산 영양제까지 제품으로 나온 것을 보면 갈색거저리가 식품에 미치는 전망은 앞으로 더 광범위할 것으로 보인다.

넷째, 갈색거저리는 키우기가 쉽다. 만약 갈색거저리가 키우는 데 까다롭다면, 농가들은 갈색거저리 키워 팔자는 말에 고개를 절레절레 흔들 것이다. 현재 갈색거저리를 사육하는 농가가 너무 많아 오히려 수요가 공급을 못 맞출 정도이다. 최첨단 기술을 필요로 하지 않고 간단하며 누구나 배우면 할 수 있는 일이다. 그래서 갈색거저리는 소규모 사육과 대규모 사육 모두 가능하다. 소규모 사육은 작은 규모인 농가에서 사람이 직접 키우는 것이고, 대규모 사육은 공장식으로 키우는 것을 말한다.

5. 관상 및 수공예

아름다운 나비와 금빛을 내는 곤충은 사람들의 이목을 끈다. 다채로운 색깔로 가득한 나비의 날개를 보면 어느덧 그 아름다움에 매료된다. 아름다움을 좋아하지 않은 사람이 누가 있을까? 중국 사람들은 나비를 관상용으로 판매하는데, 이를 통해 벌어들이는 무역 흑자가 매년 약 1억 달러 이상이다. 진귀한 나비는 세계 어느 곳에서든 인기가 있다. 텐

그제비나비류*Teinopalpus aureus*는 진귀한 나비로 유명하다. 이 나비는 한 마리당 무려 2만 달러 가치가 있다고 하니, 여자들이 좋아하는 명품 가방 하나 또는 그 이상의 가치를 지니는 셈이다. 얼룩명주나비류*Bhutanitis mansfieldi*는 한 마리에 우리나라 돈으로 1천만 원 정도 하는 예도 있다. 명품 가방 두 개와 얼룩명주나비 하나 중 하나를 선택하라고 한다면, 어느 것을 선택할까? 아마 우리나라 사람 중 누군가는 얼룩명주나비를 선택하기도 할 것이다.
곤충으로 중국과 대만은 매년 2,000만 달러 정도 외화를 벌어들인다. 다양한 곤충 모양에서 아름다움을 발견하는 사람이라면 관상용으로 곤충을 모으는 것이 너무 즐겁고 재미있는 일인 것이다.

6. 천적용, 독

과일과 채소를 씻고 씻어도 그 안에 있는 농약은 없애기가 쉽지 않다. 유기농을 좋아하는 사람들이 늘어나면서 농가에서는 농약을 사용하지 않으려는 노력이 많아지고 있다. 중국에서도 유기농에 대한 사람들의 요구가 많아지고 있다. 이에 농가에서도 농약이 아닌 자연적인 방법으로 해충을 억제하려고 노력한다. 이때 사용하는 것이 천적이다. 다양한 종류의 무당벌레, 딱정벌레, 벌 등은 포식성 천적이다. 이 곤충들이 해충을 잡아먹게 하는 것이다. 잎벌레를 이용해서 잡초를 억제하는 방법도 있다. 이로운 곤충이라 불리는 이들은 생태계가 더 건강하도록 돕는다. 천적 곤충을 이용하는 것을 생물 방제라고 하는데 이는 국가 정책으로 이미 우수한 성과를 얻고 있다. 천적 곤충은 세계적인 산업이며, 중국을 비롯하여 독일, 프랑스, 일본 등 국가에서도 이용하고 있다.

곤충 독은 곤충 안에 있는 독을 말한다. 곤충은 다양한 분비물을 내뿜는다. 이 분비물이 어떤 생물에게는 독으로 작용한다. 또 곤충 안에 독이 있는 예도 있다. 학자에 따라 다르지만 어떤 학자는 곤충 독을 그 중독성에 따라 신경독, 배 설득, 순환 독 등으로 나눈다. 독을 가진 곤충은 많은데 지금까지 밝혀진 바로는 약 21목, 100여 과에 달한다고 한다. 그러나 이 중 소, 돼지, 닭 등 가축과 사람에 독으로 해를 가하는 곤충은 4목 정도이다.

중국의 벌 독은 항산화 항균, 부종 억제, 혈압감소 등 작용이 뛰어나다. 다양한 병을 치료해왔다. 류머티즘성 관절염, 두드러기, 소아 천식 등에 효과적이다. 세계에 다양한 곤충 있는 만큼 이들이 가진 독이 병을 치료하는 데 무궁무진한 가능성이 있다는 것을 알 수 있다.

7. 법의학

곤충은 심지어 법의학에서도 사용된다. 법의학이란 법적으로 문제 되는 의학적 사항을 과학적으로 밝혀내는 것이다. 또 이를 해결함으로써 법이 정의롭게 운용되는 데 도움을 주고 사람들의 권리를 보호해주는 데 이바지하게 한다. 예를 들어, 의료사고가 일어나면 법적으로 밝혀내어 문제를 해결하는 것도 법의학 분야 중 하나이다. 중국에서 형사사건을 해결하는 데 곤충이 사용된 기록이 있다. 중국 송대 『세원록(洗冤錄)』 5권 중 2권에 「의난잡설(疑難雜說)」이 있다. 여기에 보면 1247년 곤충을 이용해서 살인자가 누구인지 밝힌 기록이 있다. 이 내용이 현대 과학에서 볼 때 타당한가에 대해서는 논란의 여지가 있지만, 과거 중국에서 사건을 해결하는 데 곤충이 이용되었다는 것은 의미 있고 놀랄 일이다.
범죄 현장을 녹화하는 데 작은 곤충에 카메라를 달아 사용하기도 한다. 오늘날에도 범죄에 대한 인과관계를 밝히거나 사건을 해결하는 데 곤충이 유용한 수단이 될 수 있다.

8. 중국 곤충 산업

2005년쯤 먹을거리로써 갈색거저리가 중국에 들어왔다. 처음에 소규모에서 키우던 곤충이 이때 이후부터 대량 생산하기 시작했다. 중국에서 곤충 산업은 먹을거리로써 곤충보다 관상용, 사료용으로 주로 사육된다. 차츰 먹을거리로써 곤충도 그 수요가 많아질 그것으로 예상한다.
중국은 경제발전 속도가 빠르고 이에 따라 중국 사람들의 생활 수준도 높아지고 있다. 소, 돼지, 닭 등 축산업 발전은 영향을 받게 된다. 중국에서는 다른 나라와 마찬가지로 동물을 키울 때 곤충을 가축의 먹잇감으로 사용함으로써 우수한 단백질을 공급할 수 있다. 앞으로 자극적이고 몸에 해로운 음식보다 몸에 좋고 환경에도 좋은 음식에 대한 요구가 많아질수록 곤충 생산은 더욱 많아질 것으로 예상한다.

중국에 있는 곤충 관련 회사는 어떤 것들이 있을까?

광저우 생물과학발전 유한공사는 과학기술형 주식회사이다. 광동성 곤충연구소 소속이다. 이 회사는 원래 중국과학원 중남과학연구소인데, 이후 개미 이용에 대해 연구팀으로 편성되었다. 이 회사는 흰개미, 개미, 건축자재 흰개미, 임목 흰개미, 누에고치 개미 등을 연구하여 광동성, 광저우시 등 정부 부문의 과학 연구를 수행해왔다.

쿤밍시에 생물과학기술 유한공사가 있다. 이 회사는 곤충 셀락을 상품으로 개발한다. 곤충 분비물로 만든 천연 마감재가 있는데, 이는 인도에서 나는 곤충의 분비물에서 얻는다. 인도와 태국 등에서 깍지진디가 산다. 0.5mm 크기의 이 곤충으로부터 체액과 분비물을 추출한 것이 바로 셀락(Shellac)이다. 셀락은 일상생활에 사용되고 있는 유일한 천연곤충수지이다. 이 회사는 이 곤충 셀락을 정제하여 과학 신선보호제, 곤충 셀락절편 등을 상품으로 만든다.

하베이성에 있는 산농유한책임회사는 곤충의 사육, 가공, 연구하는 회사이다. 갈색 거저리와 같은 곤충을 사육하는 데 성공하였으며 이를 세계 시장에 판매하고 있다. 곤충에 대한 새로운 제품을 개발하고 새로운 곤충 시장을 적극적으로 개척하여 성공적인 곤충 회사로 평가받고 있다.

중국 곤충산업의 가능성

중국 농업에서 곤충에 대한 관심은 점점 증가하고 있다. 농가에서 일반적인 작물을 키워도 소득이 증가하지 않는 것이 주된 이유이다. 특히 배추와 같은 채소를 재배하는 농민은 고민이 많다. 중국도 점차 세계화가 됨에 따라 사람들의 입맛이 서양식으로 바뀌는 경우가 많기 때문이다. 중국 밥상에는 밥, 배추 등 전통적인 농작물과 바나나, 키위 등 다른 나라에서부터 온 농작물, 피자와 스파게티와 같은 서구 음식이 섞여 있다. 이제 전통적인 농작물을 먹는 사람들이 점차 다양한 나라로부터 온 농작물도 함께 먹게 되었다. 이제 전농적인 농작물을 키우는 농부는 다른 농작물을 재배해야 하는 것은 아닌지, 아니면 다른 일거리를 찾아야 하는지 고민이다.

최근 세계적으로 유행한 조류 독감, 구제역, 광우병 등은 목축업이 병충해에 대해 예방해야 할 것을 요구한다. 가축에 병충해가 발생하는 것은 동물이 먹는 사료, 사육 기술이 적합한지 살피고 개선이 필요하다는 것을 말해준다. 이러한 문제는 농민의 수입, 자원 문제와 관련되기에 정부에서도 적절한 해결책을 내놓고자 노력 중이다.

곤충 산업은 농민들에게 좋은 소식이 될 수 있다. 농촌의 잠재력을 살릴 수 있고, 식품에도 안전하며, 환경에도 좋기 때문이다. 앞으로 사람들에게 건강한 먹을거리로 곤충은 세계적으로 영향을 끼칠 것이며, 가축의 먹을거리로 곤충은 결과적으로 인간에게 건강한 먹을거리를 제공하기에 이 분야에 대한 전망은 높다. 중국에서 차츰 곤충으로 농민창업이 많아지고 있는 것은 어찌 보면 당연한 일이다.

미국에서 곤충 엿보기

미국에서도 먹을거리로써 곤충을 찾는 사람들이

많아지고 있다. 곤충 산업이 급속도로 발전하는 것이다. 나라마다 곤충을 먹게 되면서 각기 곤충에 대해 두각을 나타내는 분야가 있는데, 미국에서는 곤충 비즈니스를 꼽을 수 있다. 편리하게 포장된 에너지바, 스낵, 음료까지 건강에 좋으면서 간편한 음식을 선보이고 있다.

1. 에너지바와 스낵

미국 농림부에서는 '곤충의 모든 것(all Thing Bugs)'이라는 식용 곤충 회사를 설립했다. 우리에게도 익숙한 브랜드를 가진 곤충음식 회사도 있다. 바로 엑소(EXO)인데, 엑소하면 유명 아이돌 가수가 생각나지만 미국에서는 이 회사의 식용 곤충 브랜드이기도 하다.

엑소는 2014년 초 귀뚜라미로 만든 영양바를 내놓은 미국 식품벤처기업이다. 엑소는 2014년 3월, 저지방 단백질이 풍부한 귀뚜라미를 주재료로 프로틴바를 출시해 2014년까지 10만 개 이상의 판매고를 올렸고, 온라인에서 반응이 오자 뉴욕의 대형 마트인 페어웨이(Fairway)와 홀푸드(Whole Foods)도 매장

진열대를 내어줄 정도로 빠르게 성장하고 있다.

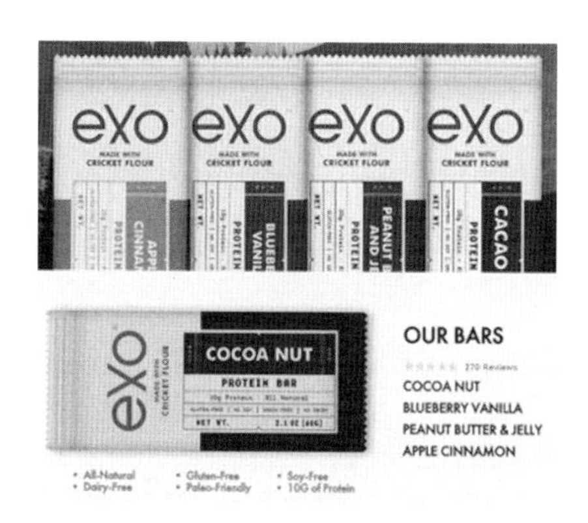

–
엑소바

어떻게 곤충 회사를 만들게 되었을까? 미국 브라운대학 친구인 로블 루이즈(Gabl Lewis)와 그레그 스위츠(Greg Sewitz)가 만나 설립한 회사이다. 대학 친구들이 서로 이야기를 나누다가 창업을 하게 되었다. 이들은 귀뚜라미가 밀가루와 어떻게 해야 잘 혼합하는 지 연구했다. 귀뚜라미와 밀가루는 잘 혼합하지 않아서 이 둘의 배합은 에너지바를 만드는 데 가장 중요한 요소가 된다.

여러 가지 방법을 시도한 끝에 가장 좋은 배합률을 얻게 됐다. 이렇게 탄생한 에너지바가 '크리켓 에너지바(creket energy bar; 귀뚜라미 에너지바)'이다. 이름을 들으면 알 수 있듯이 이 에너지바는 귀뚜라미가 함유되어 있는 에너지바이다. 귀뚜라미를 비롯해 카카오, 블루베리, 사과 등 비타민이 가득한 과일이 듬뿍 들어간다. 달콤한 땅콩버터와 부드러운 젤리가 포함된다. 4가지 맛의 에너지바가 있으니 입맛대로 골라 먹을 수 있다.

엑소가 주목받았던 이유 중 하나는 미국과 같이 곤충을 먹지 않는 서구권 문화에서 곤충을 식품화하겠다는 화제 때문이다. 하지만 이보다 더 주목을 끌었던 것은 이들이 크라우드 펀딩을 통해 최초의 사업자금을 마련했다는 것이다. 엑소는 킥스타터에 2013년 8월, 크라우드 펀딩을 계획하였고 공식적으로 72시간 만에 30일 목표였던 2만 달러에 도달했다. 엑소는 곧 5만 달러로 펀딩 목표를 설정하였고, 이 또한 30일 이내에 모두 성공적으로 투자받았다. 크라우드 펀딩이 성공했다는 것은, 엑소가 지닌 비전과 목표에 공감하는 이들이 있었다는 것이다.

엑소 외에도 차풀(Chapul)이 있다. 미국에서 에너지바로 선풍적인 인기를 끌고 있으며 온라인 및 오프

라인에서도 판매를 한다. 차풀의 에너지바를 먹으면 맛있으면서도 건강한 에너지바가 있다는 것에 경탄을 하게 된다. 두 가지 맛이 유명한데, 코코넛, 라임, 생강을 넣은 '타이', 고소한 땅콩 버터와 초콜렛이 만난 '차코'가 인기다.

–
차풀바

엑소 이후로 다양한 곤충 식품기업들이 북미대륙에 나타났다. 이들 중에는 나초 혹은 감자 칩과 유사한 형태의 크리켓 칩을 판매하는 식스푸드(Six Foods)이다. 식스푸드란 네발 달린 동물보다 여섯 개 발이 달린 곤충이 더 뛰어난 식품이라는 뜻을 갖고 있다. 세 가지 맛의 크리켓 칩을 편의점을 비롯해서 여러 리테일 샵에서 판매 중에 있다.

식스푸드는 여성 세 명이 모여 만든 식용 곤충 회

사이다. 크리켓 칩은 귀뚜라미를 주재료로 하고, 여성들이 특히 좋아하는 콩, 쌀 등을 원료로 한다. 이들을 잘 배합하여 구우면 바삭한 칩을 만들어진다. 귀뚜라미가 다양한 맛을 낼 수 있을까 궁금하다가도 바비큐맛, 체다치즈맛 등 크리켓 칩을 맛보고 나면 예전의 우려가 싹 사라진다. 한 번 먹으면 손을 멈출 수 없는 맛이라는 평가가 있다.

곤충을 먹을거리로 만들어 판매하는 이들 미국 회사는 2015년 우리나라 돈으로 6억 원 이상의 판매 수익을 올렸다. 최근에는 어스파이어 푸드 그룹까지 곤충 산업에 합류하고 있어서 미국에서 곤충 산업이 더 크게 발전할 것으로 기대된다.

2. 곤충 음료

곤충을 마신다는 것이 무엇일까? 미국의 유명한 과학저널인 포퓰러 사이어스(popular science)에서는 앞으로 먹을거리로서 트랜드를 이끌 식품은 바로 '곤충 음료'라고 주장했다. 2015년에 이렇게 주장한 이들은 먹을거리로써 곤충의 중요성을 밝히며 미래 사람들이 건강하게 먹을 수 있는 음식은 곤충이며, 특히 곤충을 음료로 마실 것을 권장한다. 얼핏 듣기에 곤충을 마신다는 것이 가능할까 싶지만, 귀뚜라미를 곱게 갈아 우유나 두유에 타서 마시면 '아! 이 맛이구나!' 감탄사가 절로 나온다. 이 쉐이크를 맛보고 싶다면 우리나라에서도 판매하는 곳이 있으니 가보길 원한다. 여러 가지 곡물과 누에를 섞어 만든 쉐이크로 추천할 만한 맛이다.

3. 곤충 푸드 트럭

먹을거리로써 곤충의 인기는 푸드 트럭에서도 찾을 수 있다. 우리나라에서 청계천을 중심으로 다채로운 푸드 트럭을 볼 수 있다. 평소에 먹는 음식에서 좀 더 창의적인 맛과 색, 모양을 갖춘 음식은 맛도 훌륭하지만 보는 재미도 쏠쏠하다.

미국 코네티컷 대학교에서는 곤충을 활용한 음식을 파는 푸드 트럭이 있다. 대학생들의 호기심을 자극하는 이 음식점은 이동식이라 잠깐 있다가 사라질 것 같은 느낌이 들지만 찾는 이가 많아 지금까지도 계속 유지하고 있다는 소식이다. 캠퍼지 신문에도 곤충이 먹을거리로 얼마나 가치가 있는지 광고하고 있다. 유기농 식품으로 영양이 풍부하고 환경에도 좋은 곤충을 먹자는 이들의 소리는 대학생들의 마음을 움직이기 충분하다.

미국의 경우 곤충을 먹던 습관이 일부 원주민 문화를 제외하면 없기 때문에 먹을거리로써 곤충은 미국에서 아직 생소한 분야이다. 먹을거리로서 곤충 외에도 미국은 자원 확보, 사료 소재 개발 등의 연구에 중점을 두고 있고 세계적인 생물, 화학기업이 몰려있기 때문에 천연물 소재의 고가 산업소재 개발에도 활발히 움직이고 있다.

☑ 멕시코

라틴아메리카에서도 곤충을 즐겨 먹는 먹을거리이다. 멕시코에서 토착민들은 전통적으로 먹을거리로 곤충에 대한 해박한 지식을 갖고 있다. 멕시코 토착민들은 자리야 약초가 꽃을 피우면 이렇게 생각한다고 한다. '이제 곧 개미의 유충을 채집할 시기가 되었구나!'라고 말이다. 이들에게 곤충을 채집하고 저장하는 일은 생활과 밀접하여 작은 꽃이 피더라도 쉽게 곤충과 관련된 일을 머릿속에 떠오르는 것이다.

멕시코 전역에 특히 많이 있는 노린재는 멕시코를 여행하는 사람에게도 쉽게 발견되는 곤충이다. 노린재의 유충과 성충을 먹는 사람도 흔히 볼 수 있다. 처음에는 무척 놀라겠지만 곧 여행하다 보면 워낙 자주 보는 모습인지라 여행 마지막 날쯤이면 익숙해질 것이다. 모든 노린재를 다 먹는 것은 아니고, 특히 먹을거리로 가능한 노린재를 먹는다. 노린재라는 이름은 이 곤충이 배출하는 냄새 때문이라고 한다. 노린재는 이 독특한 향기를 내뿜는데, 처음에는 이 냄새 때문에 사람들이 손을 휘휘 젓던 것이 어느덧 입안에서는 맛있는 음식으로 즐거움을 준다고 한다. 이 노린재 분비물은 눈을 손상한다는 말이 있어서, 노린재를 채집할 때는 눈을 조심한다고 한다. 또, 곡식도 잘 먹기 때문에 일부 지역에서는 해충이라며 멀리하기도 한다.

캐나다에서 곤충 엿보기

쿠키나 에너지바를 판매하는 곳들도 있지만 곤충을 생산하는 농장들도 생겨나고 있다. 캐나다는 곤충 농장으로 유명하다. 가장 대표적인 농장은 엔토모팜

(Entomo Farms)이라고 하는 귀뚜라미 농장이다. 캐나다에 위치한 이 농장은 북미 최초의 곤충 농장이며, 식용을 위해 키우는 귀뚜라미 농장들 중에서 세계에서 가장 큰 규모를 자랑한다. 이 농장은 10여 년간의 곤충을 농장에서 키운 경험을 바탕으로 2014년부터 영업을 시작했다. 인간이 먹기에 가장 좋은 음식으로 곤충이라고 주장하며, 먹을거리로서 곤충을 권하고 있다.

엔토모팜은 특히 다양한 귀뚜라미 파우더를 만든다. 글루텐을 포함하지 않으며 유기농인 귀뚜라미 파우더를 만드는 데 주력하고 있다.

유럽에서 곤충 엿보기

유럽도 마찬가지다. 식용 곤충에 관한 보고서를 연구·작성한 와그닝겐 대학이 위치한 네덜란드와 주변국가인 벨기에는 곤충을 식품으로 판매하는 것이 가능하다. 이에 자연스럽게 곤충을 식품으로 판매하는 다양한 회사들이 생겨나고 있다.

☑ 네덜란드

선진국 중에서 먹을거리로써 곤충을 산업화의 단

계까지 끌어올리며 가장 공을 들이는 나라를 꼽자면 단연 네덜란드이다. 대학에서 곤충이 사람이 먹을 수 있는가, 사람이 먹을 경우 어떤 부분에서 좋은가 등 연구도 활발히 한다. 네덜란드 공립대학인 바헤닝언대학(Wageningen University)은 먹을거리로써 곤충 연구의 중심에 서있다.

농업강국인 네덜란드답게 2008년에는 곤충사육자협회(VENIK)를 설립하였다. 먹을거리로써 곤충에 대해 연구하면서 식용 곤충을 생산하고 판매하기 시작했다. 이처럼 네덜란드는 세계적인 곤충산업국으로 고품질 단백질 공급원으로서 곤충의 가치를 연구하며 상품으로 개발하고자 노력하고 있다.

네덜란드 바헤닝언대학 대학 연구팀은 그동안 곤충 연구를 많이 했다. 대표적인 논문으로 2012년 발표한 논문이 있다. 논문 내용을 살펴보자.

- 곤충을 이용하면 소, 돼지, 닭 등 가축을 키우는 것보다 훨씬 저렴하게 단백질을 생산할 수 있다. 같은 양의 단백질 만들고자 할 때, 물과 토지가 적게 필요하기 때문이다. 사육면적으로 볼 때

소의 10%, 돼지의 30%, 닭고기의 40%면 곤충을 키우기에 충분하다고 논문에 기록되어 있다.

- 현재 많은 나라에서 특히 아프리카와 중남미·아시아 등 약 90개 나라에서 곤충을 먹는다. 무려 1,400종의 곤충을 사람이 음식으로 먹는데, 인류 역사에서 음식에 사용된 곤충은 1,900종에 이른다.

네덜란드 대학에서 곤충에 대해 연구한 결과물은 세계 각 나라에서 곤충을 먹을거리로 이용하는 데 큰 도움을 주었다.

☑ 벨기에

유럽에서도 식용 곤충으로 가장 앞선 나라로 평가받고 있다. 무려 10종의 식용 곤충을 허가하고 있다. 2013년 벨기에 연방식품안전청(AFSCA)는 시중에 판매할 수 있는 식용 곤충 10종을 발표하였다. 이렇게 선정된 곤충은 키우고, 가공하고, 유통하기 위해서 연방식품안전청의 허가를 받아야 한다. 또 위생 관리 기준, 이력추적, 표시, 자가 검열 체계 등

관련 규정을 준수해야 한다. 안전하고 위생적인 과정을 거치도록 식품안전관리인증기준(해썹·HACCP)을 적용하고 있다.

벤스버그(BenSBugS) 콩고기와 밀웜을 이용한 햄버거 패티를 만들고 있다. 패티는 햄버거 안 빵과 빵 사이에 들어 있는 얇은 고기 덩어리이다. 이렇게 만든 햄버거를 여기서는 버건디(The Great Burgondy)라고 부른다.

벨기에에서 허가한 식용 곤충 10가지

- Acheta domesticus(집귀뚜라미)
- Locusta migratoria migratorioides(풀무치)
- Zophobas atratus morio(딱정벌레류)
- Tenebrio molitor(갈색거저리)
- Alphitobius diaperinus(외미거저리)
- Galleria mellonella(벌집나방)
- Schistocerca americana gregaria(사막메뚜기)
- Gryllodes sigillatus(귀뚜라미류)
- Achroia grisella(애벌집나방)
- Bombyx mori(누에나방)

버건디는 고기가 없는 햄버거라고 생각하면 된다. 햄버거를 먹을 때마다 이 햄버거 안에 들어가는 소, 돼지, 닭 때문에 먹어야 하나 고민이 되는 사람에게 희소식이다. 버건디는 고기가 아닌, 밀웜으로 만들어졌기 때문이다. 약 32%가 밀웜이며 일반적인 패티에 비해 기름이 적고 담백하다고 한다. 환경뿐 아니라 우리 건강에도 좋다. 칼로리는 낮추고 단백질은 높다. 100g에 200cal로 우리가 생각하는 햄버거 칼로리에 비해 매우 낮고, 단백질이 17.7g이나 들어 있다. 건강한 햄버거를 먹고 싶은 사람이나 갑각류에 알레르기가 있는 사람에게 추천한다고 한다.

대표적인 상품 중 하나인 워킨즈(wokkings)는 밀웜으로 만든 단백질 큐브인데, 네모난 모양이다. 이 큐브는 100g 당 160kcal 정도로 작고, 단밸질이 18.4g 정도로 많이 들어있다. 이들 음식은 레스토랑이나 푸드 트럭 등에 공급하고 있고 있다.

☑ 프랑스

에피타이저로 유명한 프랑스답게 맛있고 보기에도

좋은 곤충 음식 개발에 주력하고 있다.

프랑스에 위치한 지미즈(Jimini's)는 밀웜을 사용한 에피타이저를 2016년 선보였다. 또, 여러 스낵과 함께 곤충 원료를 판매하고 있다. 파스타와 에너지바, 건조된 곤충들을 판매하는 이 회사는 곤충 식품에 덜 친숙한 문화를 고려해 메뚜기 날개를 떼어내는 방법이라든지 곤충을 보관하는 방법, 곤충과 어울리는 술 등을 소개하고 있다.

FAO가 『식용 곤충: 식량 및 사료 안보 전망』이라는 보고서에서 말했듯이 한때 서구에서 가난한 이들의 음식으로 간주되던 가재 새우 등이 지금은 고급요리가 되고 있다. 또 미국이나 유럽 등에서는 소, 돼지 등 육류 대체 식품으로 곤충을 사용한다. 곤충을 원형 그대로가 아니라 식품을 만드는 재료로서 가능성을 시도하는 것이다.

세계적으로 곤충의 영양학적·친환경적 가치가 알려지고 있고 건강에도 좋고 자연에도 좋은 곤충 요리가 점차 많아지고 있다. 이제 이러한 노력이 곤충 소비에 대한 사람들의 인식 변화에 크게 기여할 것을 기대한다.

☑ 스위스

2017년에 스위스는 '식용 곤충'으로 특별한 국가가 되었다. 사람들에게 곤충으로 만든 음식 제품을 정식으로 판매하도록 허가 받은 최초의 유럽국가가 되었기 때문이다.

스위스 법에 따르면, 오랫동안 동물 사료로 쓰여 온 곤충을 사람들이 식품으로 사용하기 위해서는 정부의 검열을 받은 후에 가능하다. 식용 곤충 회사는 사람이 소비하기에 적합하다고 고려되기 전까지 엄격한 사후 관리 및 요구 조건에 따라 재배해야 한다고 되어 있다. 2017년 5월 스위스의 식품 안전에 관한 법률은 곤충을 함유한 식품 판매를 허용하도록 바뀌었다. 이 곤충은 3종으로 귀뚜라미와 메뚜기 그리고 딱정벌레의 유충 형태인 밀웜이다.

이렇게 국가 식품 안전법이 개정됨에 따라 스위스에서 큰 슈퍼마켓 체인 '쿱(Coop)'에서 식용 곤충 제품이 판매되기 시작하게 되었다. 대표적인 제품으로는 밀 웜을 넣어 만든 곤충 버거, 곤충 볼이다. 이들은 대부분 스위스 신생기업 에센토(Essento)가 약 3년 동안 연구하여 개발한 식품이다. 스위스 사람들은 제네바와 취리히, 베른에 있는 쿱의 일부 지점에서 이들 제품을 맛볼 수 있다.

☑ 핀란드

최근 핀란드 정부는 곤충을 식품으로 키워 판매하는 것을 허용하였다. 농림부는 식품안전법에 식용 곤충에 대한 조항을 만들어서 일반 식품처럼 관리하겠다고 밝혔다. 대학과 연구소에서도 식용 곤충에 대한 연구가 활발하다. 2016년부터 투르쿠대학과 천연자원연구소는 기술혁신청(TEKES)의 지원을 받아 식용 곤충 생산에 관한 연구를 하고 있다.

매년 11월 핀란드 헬싱키에서 스타트업 축제 '슬러시'가 열린다. 반가운 것은 이곳에서 푸드 스타트업이 늘어나고 있다는 것이다. 식용 곤충으로 만든 쿠키와 미트볼 등을 선보이고 있다.

이렇듯 많은 나라에서 곤충을 식품으로 인정하고 받아들이는 노력을 하고 있다. 사람들도 처음에 혐오스러워하다가도 정부에서 허가한 곤충 식품에 관심을 가지고 다가서고 있다. 이제 곤충 요리는 낯선 음식이 아니라 전 세계 여러 나라에서 일반적인 음식이 되고 있다. 수천 년 동안 전부터 있었던 곤충 소비가 더욱 확산되는 것이다. 국제연합식량농업기구에 따르면 현재 20억 명의 사람들이 곤충을 섭취하고 있으나, 점차 더 많아질 것으로 기대된다.

chapter 5

곤충은 영양 면에서 어떨까?

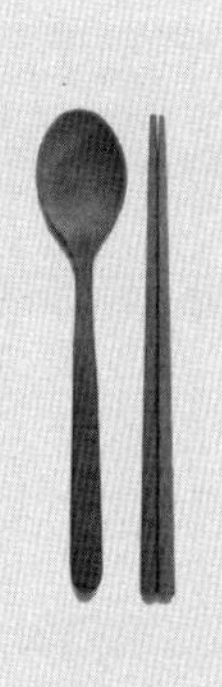

메뚜기와 돼지고기 중 열량이 낮은 것은?

얼마 전 사람들과 중국집에서 음식을 시켜 먹은 적이 있다. 짜장면, 짬뽕, 탕수육 그리고 함께 나온 단무지가 식탁 위에서 맛있는 색깔을 띠고 있다. 문득 이런 생각이 들었다. 탕수육이 돼지고기가 아니라 메뚜기로 만들었다면 사람들은 어떻게 먹을까?

돼지고기가 아니라 메뚜기로 탕수육을 만들어 먹으면 그게 무슨 탕수육이냐고 물을 사람이 있을 것이다. 나는 절대로 메뚜기로 만든 탕수육을 먹지 않겠노라고 다짐할 수도 있을 것이다. 하지만 맛이 비슷하다거나 혹은 메뚜기가 더 고소한 맛인데 돼지고기보다 훨씬 열량이 적다면 우리는 어떤 선택을 하게 될까?

지금 막 살이 너무 쪄서 다이어트를 하겠다고 다짐한 사람이 있다. 탕수육이 너무 먹고 싶다. 눈 앞에 펼쳐진 두 가지 옵션이 있다. 하나는 돼지고기로 만든 탕수육, 다른 하나는 메뚜기로 만든 탕수육이다. 옆에 다음과 같은 글이 쓰여 있다.

> *이 음식은 돼지고기보다 열량이 1/4로 적고 맛은 바삭하며 영양도 매우 훌륭합니다. 단백질, 비타민, 미네랄이 풍부합니다.*

유엔 세계식량농업기구는 2008년 태국 치앙마이에서 국제회의 워크숍을 열고 '사람들이 가장 많이 먹는 곤충들의 영양 가치란 어떤 것이 있을까?'에 대해 소개했다. 세계적으로 많이 먹는 딱정벌레, 메뚜기, 벌, 귀뚜라미에는 우리에게 꼭 필요한 단백질★과 필수 아미노산이 풍부하다. 그뿐만 아니라, 비타민과 탄수화물, 불포화지방산을 포함하고 있다.

멕시코 와하카주에서 곤충의 열량을 분석한 학자들이 있다. 이들은 1997년에 곤충 78종을 분석하여 열량을 조사하였다. 곤충의 종류가 워낙 많다 보니 열량도 다양하다. 이주 비황은 100g 당 600~700cal까지 나간다. 이때 재미있는 것은 곤충이 무엇을 먹느냐에 따라 열량이 다르게 나간다는 것이다. 사람도 먹는 것에 따라 몸무게가 변하는데 곤충도 마찬가지이다.

전 세계 야생 곤충을 조사한 연구가 있다. FAO는 각 나라에 사는 곤충을 조사했는데, 그 일부를 보면 다음 표와 같다.

곤충의 에너지양			
위치	**통칭**	**학명**	**에너지 함량** (kcal/100g 생체 중량)
호주	호주 전염성 비황, 미가공	Chortoicetes terminifera	499
호주	푸른 베짜기개미, 미가공	Oecophylla smaragdina	1,272
캐나다, 퀘벡	붉은 다리 메뚜기, 전체, 미가공	Melanoplus femurrubrum	160

★ **단백질**

백과사전에 따르면 '단백질은 아미노산으로 구성된 유기 화합물'이라고 되어 있다. 단백질은 식품 영양의 중요한 요소가 되고, 식품의 물리적 및 감각적 특성에도 영향을 준다. 영양가는 단백질 함량, 단백질 품질, 단백질 소화율에 의해 달라진다.

- 단백질 함량은 모든 식품에서 다양하다.
- 단백질 품질은 식품에 있는 아미노산의 종류와 우리가 필요로 하는 물질이 있는가에 따라 결정된다.
- 단백질 소화율은 식품에 있는 아미노산의 소화율을 나타낸다.

미국, 일리노이	갈색거저리, 유충, 미가공	Tenebrio molitor	206
미국, 일리노이	갈색거저리, 성충, 미가공	Tenebrio molitor	138
코트디부아르	흰개미, 성충, 급습, 건조, 가루	Macrotermes subhyalinus	535
멕시코, 베라크르스 주	가위 개미, 성충, 미가공	Atta mexicana	404
멕시코, 이달고 주	꿀개미, 성충, 미가공	Myrmecocystus melliger	116
태국	쌍별귀뚜라미, 미가공	Gryllus bimaculatus	120
태국	물장군, 미가공	Lethocerus indicus	165
태국	벼메뚜기, 미가공	Oxya japonica	149
태국	메뚜기, 미가공	Cyrtacanthacris tatarica	89
태국	양식 누에, 번데기, 미가공	Bombyx mori	94
네덜란드	이주 비황, 성충, 미가공	Locusta migratoria	179

출처: FAO 보고서(2014)

호주에 사는 개미는 100g당 1,200cal가 넘고 멕시코에 사는 개미는 400cal로 적다. 같은 개미인 것 같아도 종류에 따라 열량이 이렇게 차이가 나타나는 것이 신기하다.

갈색거저리는 유충(또는 애벌레)일 때와 성충일 때 열량이 차이가 난다. 같은 무게의 유충이 성충일 때보다 열량이 높다. 애벌레일 때 열량이 더 나가는 것은 애벌레에서 어른으로 자라는 변태 과정과 관계가 깊다.

메뚜기를 눈여겨보자. 메뚜기는 돼지고기의 열량에 1/4도 안 되는 것을 알 수 있다. 태국산 메뚜기는 그램당 89cal다. 돼지고기가 100g당 400cal 정도라는 것을 보면, 돼지고기보다 열량이 정말 적다.

같은 태국산인데도 벼메뚜기는 메뚜기보다 열량이 조금 더 높다. 그래도 돼지고기보다 절반도 안 되는 칼로리이다.

필수 영양소인 단백질, 곤충에게도 있을까?

작은 곤충의 몸 안에 말랑말랑한 똥 말고 뭐가 있을까 생각하기 쉽다. 어릴 적 메뚜기를 잡아 우연히 그 몸속을 보게 될 때가 있었다. 그 안에 있는 물질 중에서 우리에게 필요한 성분이 있다는 것을 그때는 몰랐다.

단백질은 우리 몸을 구성하는 데 꼭 필요한 물질이다. 단백질이 부족하면 손톱이 갈라지거나, 근육이 잘 생기지 않는다.

우리 몸을 현미경으로 들여다보자. 가장 작은 단위

인 세포가 있다. 이 세포는 겉에 막이 있는데, 이 막을 이루기 위해서 단백질이 필요하다. 세포 안의 여러 구성 물질들, 예를 들어 핵이나 미토콘드리아 같은 것을 만들기 위해서도 단백질이 필요하다. 물론 세포막과 세포 안에 있는 물질을 만들기 위해서는 단백질 외에 지질도 있어야 한다.

Xiaoming과 그의 친구들은 2010년 여러 종류의 곤충에 있는 단백질의 양을 조사했다. 무려 100가지 종을 살펴보았는데, 단백질의 양이 곤충의 무게에서 13~77%를 차지한다는 것을 알게 되었다. 딱정벌레의 애벌레와 어른 곤충은 1/4에서 1/2 정도 단백질을 갖고 있다. 매미는 1/2 정도가 단백질이고, 메뚜기는 1/5 이상 단백질을 가지고 있다. 그 작은 몸 안에 단백질이 이렇게 가득하다.

식물은 단백질을 거의 가지고 있지 않아서 채식주의자들이 채소만 먹을 때 단백질이 부족해질 수 있다. 이때 음식에 메뚜기 몇 마리를 넣는다면 단백질을 섭취할 수 있다. 콩은 단백질이 많지만 식물 단백질이라 필수아미노산을 모두 구성할 수는 없다. 반면에 곤충은 동물 단백질이라 필수아미노산을 많이 함유하고 있다.

단백질의 양은 같은 곤충이라 할지라도 우리가 음식으로 섭취하기 전 상태에 따라 달라진다. 건조, 삶기, 튀기기 등 가공 방법에 따라 단백질이 줄어들기도 하고 늘어나기도 한다.

우리가 쇠고기를 먹을 때 양질의 단백질을 섭취하게 된다. 쇠고기와 메뚜기(성충; 어른 메뚜기)를 보면 이 둘은 단백질이 거의 비슷하다. 어떤 곤충, 예를 들어 멕시코에 사는 차풀리네는 쇠고기보다 단백질을 더 많이 가지고 있다. 우리에게 친숙한 귀뚜라미(성충; 어른 귀뚜라미)도 쇠고기보다 약간 작거나 비슷하게 나타난다.

생선을 보자. 후쿠시마 원전사고 이후 우리나라 생선을 먹기가 겁이 나는 사람에게 반가운 소식이 있다. 깨끗한 곳에서 사는 곤충이 단백질을 많이 갖고 있다. 고등어는 100g 안에 단백질이 16~28g이 있다. 바닷가재는 17~19g이 있다. 이 정도는 곤충 중 귀뚜라미와 메뚜기, 누에를 통해서 충분히 섭취할 수 있다.

곤충으로 필수아미노산을 보충하는 사람들

단백질 안에 있는 물질 중 필수아미노산*은 음식

을 통해 먹어야 한다. 쌀이나 밀가루에도 단백질이 있는데, 여기에 있는 아미노산 중 '라이신'이라는 아미노산이 적게 들어있다. 옥수수에는 '트립토판'과 '트레오닌'이라는 아미노산이 부족하다. 이 아미노산은 꼭 음식을 통해 먹어야 우리 몸이 건강해진다. 그런데 일부 곤충에는 이러한 아미노산이 아주 풍부하다.

곤충으로 음식에서 부족한 영양소를 보완하려면 현재 먹는 음식을 전체적으로 잘 살펴보아야 한다. 주식으로 먹는 밥, 빵의 영양가와 거주 중인 지역에서 얻을 수 있는 곤충의 영양가를 비교해야 한다.

콩고에서 먹는 주식은 '라이신'이 부족하다. 콩고 사람들은 '라이신'이 풍부한 애벌레를 통해 부족한 단백질을 보충한다. 콩고 킨샤사에서는 애벌레를 파는 모습을 볼 수 있다.

★ 필수아미노산

단백질은 아미노산으로 이루어져 있다. 아미노산은 필수 또는 비필수로 나눈다. 여기서 필수아미노산은 몸에서 합성할 수 없어서 반드시 음식을 통해 얻어야 한다.

필수아미노산은 페닐알라닌, 발린, 트레오닌, 트립토판, 이소류신, 메티오닌, 류신 및 라이신의 여덟 가지로 나뉜다.

콩고에서 판매하는 애벌레

마찬가지로 파푸아뉴기니 사람은 '라이신'과 '류신'이라는 아미노산이 부족한 덩이줄기를 먹는다. 때문에 야자바구미 유충을 먹어 이 영양을 보충한다. 야자바구미를 먹어 덩이줄기에 부족한 아미노산을 공급할 수 있다.

옥수수가 주식인 앙골라, 케냐, 나이지리아, 짐바브웨 등의 아프리카 국가에서는 간간이 '트립토판'과 '라이신'이 부족하다. 그래서 결핍 증세가 나타나기도 한다. 앙골라에서는 흰개미 종으로 식단을 보완하여 영양을 쉽게 보충하기도 한다. 그러나 흰개미의 종류에 따라 아미노산이 적은 것도 있으므로 확인해야 한다.

오메가-3가 곤충에 있다면?

지방은 우리 몸에 꼭 필요한 성분이다. 빵이나 과자와 같은 음식을 많이 먹으면 우리 몸에 지방으로 쌓인다. 그러나 지방 중에서 꼭 음식으로 먹어야만 하는 좋은 지방이 있다. 바로 '필수 지방산'이다. 필수 지방산은 우리 몸에서 만들 수 없어서 꼭 음식으로 먹어야 한다.

특히 필수 지방산인 '오메가-3*'와 '오메가-6'는 영양 면에서 중요하다고 잘 알려져 있다. 유아와 아동이 건강하게 자라기 위한 필수 성분이다.**

오메가-3를 곤충을 통해서 섭취할 수 있다. 육지에 둘러싸여 어류를 접할 기회가 적은 사람들에게 곤충은 필수 지방산을 제공해 줄 수 있다. 카메룬에 있는 메뚜기는 오메가-3를 함유하고 있다. 곤충의 지방산 성분은 어떤 식물을 먹는지에 영향을 받는 것으로 보

---

* 오메가-3
  오메가-3는 EPA와 DHA로 구성되는데, DHA는 두뇌발달, 뇌 건강, 눈 건강, 혈액 순환, 심장 건강에 효과가 있다. DHA가 필요한 태아, 신생아, 임산부에 많은 도움을 준다. EPA는 혈중 콜레스테롤을 감소시키고 뇌경색, 고혈압, 혈액 순환, 천식 등에 효과적이다.

** Michaelsen 외, 2009.

인다. 카메룬 사람들이 주로 먹는 식용 메뚜기, 얼룩 메뚜기는 같은 메뚜기이지만 오메가-3의 함량 차이가 나타난다.

메뚜기 외에도 카메룬에서 소비되는 여러 식용 곤충에는 많은 지방산이 있다. 알파 리놀렌산과 같은 오메가-3와 리놀레산과 같은 오메가-6, 올레산★과 같은 오메가-9이 들어있다.

최근 오메가-3가 부족해질 수 있다는 그것에 관해 관심이 커지고 있다. 사람들은 고등어와 같은 등 푸른 생선을 먹어 이것을 보충하기도 하다. 아니면 건강식품 판매대에서 오메가-3라고 적혀진 약통을 사서 아침마다 한 알씩 먹기도 한다. 왜냐하면, 오메가-3가 부족하면 두뇌발달, 눈과 혈액 순환에도 장애를 일으킬 수 있기 때문이다.

호주 원주민들은 곤충을 통해 부족하기 쉬운 오메가-3를 섭취하였다. 이 곤충은 바로 굴벌레큰나방

★ **올레산**
올리브유에 포함된 지방산의 주성분이다. 오메가-9 불포화지방산에 속한다.

(Witchetty 또는 Witjuti) 애벌레이다. 원주민 중 여성과 아동은 굴벌레큰나방 애벌레를 주식으로 먹는다. 애벌레를 주식으로 먹는 것이 우리에게 생소하지만, 사막에 사는 호주 원주민들에게 굴벌레나방 애벌레는 사막에서 가장 중요한 곤충이다.

굴벌레큰나방 애벌레는 호주에서 발견되는데 여러 나방과 딱정벌레 하늘솟과의 큰 흰색 유충을 말한다. Naughton과 그의 친구들이 1986년에 연구한 내용에 따르면, 지방을 많이 가지고 있는 이 애벌레는 무려 몸무게의 38%가 지방이다. 이 애벌레는 오메가-3뿐만 아니라 오메가-9인 올레산도 매우 풍부하다.

> *무려 몸무게의 38%가 지방이다.*
> *익히지 않은 생 굴벌레큰나방 애벌레는*
> *맛이 아몬드와 비슷하고, 익히면 껍질이*
> *구운 닭고기처럼 바삭하다.*

호주 원주민들은 날로 먹거나 뜨거운 재로 살짝 익혀서 애벌레를 먹는다. 이 애벌레는 단백질과 지방을 많이 포함한다. 익히지 않은 생 굴벌레큰나방 애벌레는 맛이 아몬드와 비슷하고, 익히면 껍질이 구운 닭고기처럼 바삭하다.

다양한 지방산이 필요한 우리 몸. 견과류나 생선을 통해서 섭취할 수도 있지만, 곤충을 통해서도 섭취할 수 있다. 우리가 무심결에 지나친 메뚜기와 같은 곤충에는 생각보다 영양가가 풍부하다. 어릴 적 먹었던 메뚜기 튀김이 필수 지방산이 풍부한 음식이었다는 것에 놀랍지 않은가! 그 고소함은 메뚜기 안에 있는 지방산이 포함된 것이다.

지방

지방은 음식의 영양소 중 에너지를 많이 갖고 있다. 지방은 글리세롤 분자 하나와 지방산 세 개로 구성된 트라이글리세라이드로 구성된다. 지방산에 대해 살펴보자.

- **포화 지방산**: 소, 돼지와 같은 동물의 기름에 있다. 야자 기름이나 코코넛 기름에도 있다. 대체로 상온에서 고체이다.
- **불포화지방산**: 호두, 아몬드와 같은 견과류, 고등어와 같은 해산물에도 있다. 불포화지방산은 포화 지방산보다 건강에 좋은 것으로 알려져 있다. 일반적으로 상온에서 액체이다. 불포화라고 불리는 이유는 하나 이상의 이중 결합으로 이루어져 있기 때문이다.
- **필수 지방산**: 이 지방산은 몸에서 만들어지지 않으므로, 꼭 음식을 통해 얻을 수 있다. 일부 오메가-6(예: 리놀레산)와 오메가-3(예: 알파 리놀렌산)가 포함된다.

철분 대결: 쇠고기 vs 갈색거저리

미네랄과 비타민을 포함하는 미량영양소는 식품의 영양가에서 중요한 역할을 한다. 미량영양소가 부족하면 성장, 면역기능, 생식능력 저하 등 문제를 일으킨다.

미네랄 중 철분을 보자. 개발도상국에서는 임산부 50%, 아동 40% 정도가 빈혈이 있는 것으로 추정된다. 빈혈은 예방 가능한 질병이지만 전체 임산부 사망 원인 중 20%를 차지한다. 여러 곤충이 철분을 많이 갖고 있다는 점을 생각할 때, 곤충을 통해 철분을 섭취하는 것! 이것도 빈혈을 예방하는 방법이 될 수 있다.

시중에서 파는 건강보조식품 중 철분은 무기 철분인 경우가 많다. 우리 몸에는 무기 철분이 흡수가 잘 안 된다. 그래서 쇠고기에 들어있는 유기 철분을 먹어야 흡수가 잘 되기에, 채식주의자라도 아이들만큼은 쇠고기를 먹이게 된다고 한다.

쇠고기와 곤충의 철분의 양을 살펴보자. 곤충 중에서 갈색거저리는 철분의 양이 높은 것으로 알려져 있다. 과연 얼마나 높을까? 갈색거저리의 애벌레를 '밀웜' 혹은 '고소애'라고 부르는데, 여기 밀 웜과 쇠고기의 철분을 비교한 자료가 있다.

무기 철분과 유기 철분

철분과 같은 미네랄은 유기와 무기가 있다.

- 무기 철분을 먹게 되면 우리 인체에 잘 흡수가 되지 않으며 대장벽에 흡착되어 변비가 생길 수 있다.
- 유기 철분은 쇠고기와 같이 생물체 몸에 있는 철분으로 우리 인체에 흡수가 잘 된다.

국제연합식량농업기구인 FAO는 2005년 쇠고기와 모파인 애벌레의 철분을 연구했다. 쇠고기의 철분양이 100g 당 6㎎인데, 모파인 애벌레의 철분 양은 31~77㎎으로 나타났다. 메뚜기는 먹이를 무엇을 먹느냐에 따라 다르지만, 100g 당 8~20㎎의 철분을 갖고 있다.

25세 남성의 철분 하루 권장량은 8㎎을 섭취해야 하는데, 그 양은 모파인 애벌레 25g만 섭취해도 충분히 가능하다. 종이컵의 1/5만 섭취해도 가능하다는 것이다.

갈색거저리의 애벌레 '밀 웜'과 '쇠고기'의 영양성분

을 비교해 보자. 놀랄만한 일이 벌어질 것이다. 학자마다 차이가 있지만, 우리나라에서 방영된 먹거리 X파일에 등장한 자료에 의하면 밀 웜은 쇠고기보다 철분이 무려 10배 정도 많다. 100g을 기준으로 할 때, 쇠고기는 철분이 3.5㎎이다. 같은 양에 밀 웜은 35.3㎎이다. 즉 쇠고기의 1/10만 먹어도 같은 효과를 나타낼 수 있다.

치앙마이에서 판매하는 밀 웜

단백질은 어떠한가? 밀 웜은 쇠고기보다 전혀 뒤지지 않는다. 우리 몸에 근육을 만드는 중요한 단백질. 밀 웜은 건조상태에서 40~50g 내외의 단백질을 함유하고 있다.

밀 웜을 종이컵 한 컵 정도 먹으면 쇠고기와 비슷한 단백질에, 쇠고기보다 훨씬 많은 철분을 섭취할 수 있다. 쇠고기에 들어간 성장촉진제나 항생제에 대해 두려움 없이, 청정지역에서만 자라는 밀 웜은 과연 건강한 영양소가 풍부한 식품이라 할 수 있다.

요즘 갈색거저리와 같은 딱정벌레 유충이 서구 국가에서 많이 사육되고 있다. 이 종은 온대 기후에 살며, 대규모로 양식이 쉽고, 수명이 짧고, 이미 양식 기술이 잘 알려져 있다. 미래 식량의 유망한 종으로 떠오르는 갈색거저리는 아미노산, 지방산, 비타민이 많이 들어있다.

☑ **아미노산**: 우리 몸에 필수아미노산은 총 여덟 가지이다. 갈색거저리는 쇠고기보다 글루탐산(글루타민산), 라이신 및 메티오닌은 낮지만, 이소류신, 발린, 타이로신 및 알리닌이 높다.

☑ **지방산**: 갈색거저리는 쇠고기보다 팔미톨레산, 팔미트산, 스테아르산이 더 적게 함유하고 있지만, 필수 리놀레산은 거저리가 훨씬 많다. Howard와

그의 친구인 Stanley-Samuelson은 1990년 갈색거저리의 지방산을 분석하였다. 그 결과 갈색거저리의 지방산 80% 이상이 팔미트산, 스테아르산, 올레산 및 리놀레산 등 우리 몸에 꼭 필요한 지방산이 가득한 것을 확인했다.
갈색거저리는 쇠고기보다 결코 뒤지지 않는 훌륭한 식품이라는 것을 알 수 있다. 작은 몸속에 곤충은 필수 아미노산, 오메가-3, 철분과 같은 다양한 미네랄, 그뿐 아니라 비타민까지 함유하고 있다.

☑ 비타민: 갈색거저리가 일반적으로 쇠고기보다 비타민의 양이 더 높다. 단 B12는 제외.

☑ 미네랄: 갈색거저리는 쇠고기와 비슷한 양의 구리, 나트륨, 칼륨, 철분, 아연 및 셀레늄을 포함한다. 멕시코에서는 이런 갈색거저리의 영양을 인정하며, 토르티야를 만든 일이 있다. 전통적인 단백질원인 갈색거저리를 첨가해 음식의 질을 높인 것이다.

갈색거저리에서는 치매 억제 물질이 확인되었다고 하는 소식이 있다. KBS에서 2015년 〈벌레에서 산업으로 곤충의 재발견〉이라는 제목으로 갈색거저리에 대해 밝혔다. 치미 억제 물질을 가진 갈색거저리가 영양 면에서 앞으로 우리에게 꼭 필요한 물질이 있다는 것을 알려준다.

chapter 6

여름철 잠 못 드는 밤 귓가에 앵앵 소리를 내는 모기와 음침한 부엌 모퉁이에서 발견되는 바퀴벌레같이, 곤충을 떠올릴 때면 우리는 불편하고 때로는 비명 지르게 만드는 해충을 떠올리곤 한다. 하지만 미처 떠올리지 못할 만큼, 곤충은 인류의 역사와 함께하고 있으며 다양한 도움을 주고 있다.

지구상에 알려진 동물 140만 종 중에서 약 100만 종이 바로 곤충이다. 학자들은 수백만 종 이상의 곤충이 더 있으리라 추정한다. 이렇게 알려진 100만 종의 곤충 중에서 약 5,000종 정도만 작물, 가축 그리고 인간에게 해로운 해충이라고 한다.★ 이 말은 곧 100만 마리 중 5,000마리를 제외한 대부분의 곤충이 인간에게 이로운 곤충이라는 의미이기도 하다.★★

★ Van Lenteren, 2006

달콤함은 곤충으로부터

꿀은 달콤함의 상징이자 대명사에 가깝다. 흔히들 행복한 순간이나 즐거움을 꿀에 비유하곤 한다. 설탕이나 아이스크림 등 단 디저트가 즐비한 요즘에도 벌꿀이 달콤함을 상징하는 것은 그만큼 인류와 함께한 역사가 오래되었기 때문일 것이다. 그렇다면 꿀벌을 기르고 벌꿀을 채취하는 양봉은 언제부터 시작되었을까?

벌꿀을 채취하는 것은 선사시대로 거슬러 올라간다. 인류는 수렵 생활 시절부터 꿀을 채취했다. 아프리카 등지에서 발견되는 동굴 벽화에 등장하기도 하며, 그리스·로마 시대의 설화에도 등장한다. 기원전 그리스의 철학자 아리스토텔레스가 벌을 키우며 꿀벌의 생활을 관찰했다고 알려져 있기도 하다. 우리나라의 경우 삼국시대에 중국을 통해 유입되면서 양봉이 시작되었고, 일본에 그 기술을 전파하기도 했다.

벌꿀이 양봉산업을 대표하긴 하지만, 벌을 통해 얻을 수 있는 유일한 산물은 아니다. 벌꿀 말고도 많은 것을 얻을 수 있다. 화분이나 프로폴리스, 로열젤리, 봉독

★★ 앞에서 언급했듯이 해충이라는 말은 자연에서 적합한 말이 아니다.

등 그 산물은 매우 다양하다. 화분은 일벌이 어린 벌들을 먹이기 위해 침을 묻혀 다리에 묻혀오는 꽃가루이다. 벌에게 있어서 단백질, 비타민 등을 공급하는 영양분이다. 일벌이 경단 모양으로 뭉쳐진 화분을 나르고 있을 때 우리는 벌이 화분 채집기를 통과하게 하여 화분을 얻는다. 이렇게 얻은 화분은 벌꿀보다 양이 적다.

벌이 꽃에서 꿀을 따는 모습

화분(비폴렌)

프로폴리스는 식물의 진액이나 보호 물질을 수집해 벌의 침인 타액과 혼합하여 만들어내는 끈적끈적한 물질이다. 일종의 천연 항생물질이기도 하다. 프로(pro)는 방어의 의미를, 폴리스(polis)는 도시를 뜻하는데, 도시를 안전하게 지킨다는,

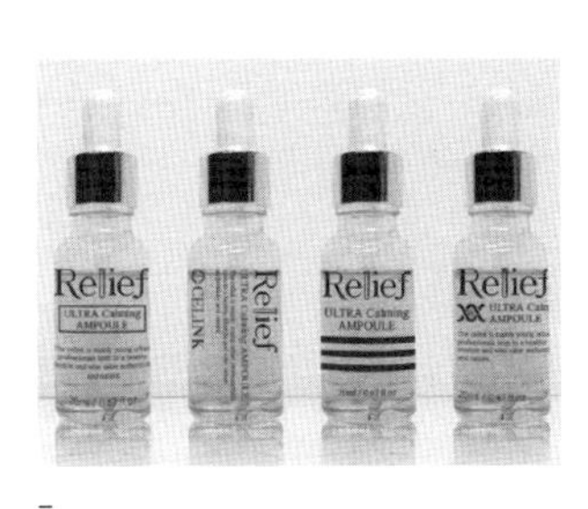

프로폴리스를 이용한 화장품

즉 봉군(벌떼)을 안전하게 지킨다는 뜻이다. 벌은 프로폴리스를 이용해 봉군을 바이러스나 균으로 부터 지켜내고 벌집을 보수하거나 외부와 차단한다. 프로폴리스의 항균력은 뛰어난 편이라 고대 그리스 시절부터 피부 종기 치료를 위해 이용되었으며 최근에는 미용이나 화장품 등에도 쓰인다.

로열젤리는 여왕벌의 애벌레 먹이로, 여왕벌만 먹는다고 알려졌지만 사실은 그렇지 않다. 부화 후 3일 정도의 기간에 모든 애벌레가 로열젤리를 먹으며, 특히 여왕벌이 되는 애벌레는 다량으로 먹게 된다. 성충이 되면 일벌이나 수벌들은 로열젤리를 먹지 않으며 여왕벌만 먹게 된다.

봉독은 벌이 지닌 독을 가리키며 일벌과 여왕벌만이 지니고 있다. 일반적으로는 몇 번 쏘인다고 해서 치명적이지 않으나, 체질에 따라 민감한 사람은 한 번 쏘여도 위험할 수 있다. 봉독은 약리적 효과가 있으므로 수천 년 전부터 민간요법에 활용되었다. 주로 항균·항염 작용이나 면역계 질환 치료와 관련 있다. 최근에는 천연 항생제로 이용되어 돼지나 한우, 젖소 등 가축에 주사하기도 한다. 봉독 주사를 맞은 가축은 대체로 염증 발생이 감소하고 생존율이 증가하는 경향이 있다.

꿀벌은 꿀 외에도 우리에게 화분을 준다. 화분은 꿀벌의 침과 꽃가루가 뭉쳐져 만든 조그마한 덩어리이다. 꿀벌이 꽃을 옮겨 다닐 때 벌의 침에 꽃가루가 묻게 되는데 이게 모여서 만들어져 꿀보다 그 양이 더 적다. 비타민, 미네랄, 항산화제가 풍부하여 약으로도 많이 쓰인다. 화분은 최근 비폴렌(Bee pollen)이라는 이름으로도 잘 알려져 있다.

생태계의 중매쟁이

곤충은 식물의 번식에 중요한 역할을 한다. 어떤 식물은 번식할 때 암술과 수술이 만나 수분이 이루어져야 번식을 한다. 이때 암술의 끝부분에 꽃가루가 붙어야 한다. 이 역할을 하는 98% 이상이 곤충이다. 대표적인 식물의 수분을 돕는 곤충인 꿀벌이 이 꽃 저 꽃을 옮겨 다니며 꽃 안에 있는 암술과 수술을 만나게 한다.

우리가 즐겨 먹는 곡식에도 곤충의 도움이 스며들어 있다. 곡식은 그 식물의 열매이기 때문에 누군가 수분을 도와주어야 한다. 만약 곤충이 암술의 끝부분에 꽃가루를 묻혀주지 않으면 사람이 꽃 하나하나 묻혀주어야 한다. 곤충은 머리에 꽃가루를 묻혀 다니거나 배와 다리에 우연히 묻은 꽃가루가 이곳저곳을 옮겨 다니며 중요한 일을 하는 것이다. 이런 면에서 보면, 우리가 아침에 먹은 밥과 점심으로 먹은 통밀빵은 곤충 다리에 붙은 꽃가루의 영향이라 볼 수 있을 것이다.

식물의 번식에 중요한 역할을 하는 곤충에는 호랑나비와 풀색꽃무지, 긴알락꽃하늘소, 연두금파리 등이 있다. 호랑나비는 꽃의 꿀을 먹기 위해 활동하면서 자연적으로 화분 매개를 하게 된다. 이 꽃 저 꽃을 돌아다니며 꿀을 찾아 먹는데 이때 자연적으로 꽃의 수분을 돕는 것이다.

풀색꽃무지의 경우 방화곤충이긴 하나 과실나무에 대해서는 해충이기도 하다. 연두금파리는 전 세계에 분포하며 동물의 배설물 등에 서식하는 위생 해충이지만, 유인이 쉽고 좁은 망 안에서 활동할 수 있으므로 대파나 양파의 채종을 위한 수분에 이용되기도 한다.

화분 매개 곤충을 이용하지 않고도 화분 매개를 시킬 방법들이 있다. 그러나 곤충들에 의한 화분 매개는 노동력을 줄여주고, 열매가 더 맛있고 향기가 나며 색깔이 선명하도록 도와준다. 인공적인 방법보다 곤충들에 의한 화분 매개가 더 높이 평가된다. 이 때문에 국내에서도 곤충을 연구하고 산업적으로 활용하는 방안을 찾고 있다.

해충을 잡아먹는 이로운 곤충

우리 식탁에서 빼놓을 수 없는 김치에 들어가는 고추는 옛적부터 우리가 가꾸어온 작물이다. 고추를 유기농으로 키우고 싶을 때 망설이게 하는 골칫거리는 바로 담배나방이다. 이 담배나방을 죽이기 위해 살충제를 사용하지 않을 방법이 있다. 담배나방의 천적인 꽃등애와 같은 곤충을 사용하는 것이다. 꽃등애는 담배나방 알에 침을 찔러 알을 낳아 담배나방의 알 수를 줄인다. 그 알 속에서 꽃등애 애벌레가 자라 그 수를 늘리면서 다른 담배나방의 수를 줄인다.

이렇게 곤충을 이용하여 농작물에 피해를 주는 해충이나 미생물을 없애는 방법은 '생물학적 방제'라고 한다. 대표적인 천적 곤충은 거미나 딱정벌레, 무당벌레, 혹파리, 꽃노린재, 잠자리, 풀잠자리, 파리, 말벌, 벌, 개미 등이 있다. 이들은 해충이나 미생물 등을 없앰으로써, 천적으로써의 역할을 하는 곤충들이다. 우리는 이들을 이로운 곤충이라고 부른다. 이들은 미생물이나 해충을 주로 먹고, 그 외에도 자연에 있는 다양한 생물을 먹는다.

곤충으로 해충 없애기

천적을 이용한 생물적 방제의 역사는 기원전 300년 전 중국에서 시작된다. 오렌지 나무에 발생한 나방류를 없애기 위해 개미집을 옮겨다 놓았다는 기록이 있다. 산업적으로는 19세기 말, 미국 캘리포니아주에서 무당벌레를 이용해 해충을 없애는 것이 대표적인 첫 사례로 손꼽힌다. 실질적으로 상업화가 이루어진 것은 1967년 네덜란드의 기업 코퍼트(Koppert)가 생물 방제를 위한 상품을 개발하면서부터이다. 우리나라의 경우에는 일제강점기 시대 사과면충을 없애기 위해 곤충을 사용하였다. 1999년에 최초의 천적회사가 설립되는 등 90년대 이후에는 천적 산업이 활성화되고 있다.

해충이나 미생물을 잘 먹는 곤충을 찾아, 그 곤충을 이용하여 해충이나 미생물을 없애는 것은 친환경적인 재배 방식이다. 보통 농작물에 피해를 주는 해충이나 미생물은 살충제를 이용하여 없앤다. 살충제를 이용하면 효과가 빠르고 즉시 나타나기 때문에 넓은 토지를 갖은 농부들은 살충제를 이용하면 편리할 것이다. 그러나 살충제를 사용하지 않고 곤충을 사용한다면, 해충이나 미생물을 없애는 데 시간이 오래 걸리고 효과가 천천히 나타나지만, 토양과 동물, 사람에게 좋다. 오랫동안 살충제와 같은 농약을 사용하지 않으면 정부로부터 '무농약 인증'을 받을 수 있다. 여기에 화학비료도 사용하지 않는다면 '유기농 인증'도 받게 될 것이다. 그래서 곤충을 이용한 생물학적 방제는 우리가 친환경적이라고 부르는 것이다.

산업적으로 생산된 천적 곤충을 이용하는 방법은 크게 세 가지이다. 첫 번째는 일회성이 아니라 지속해서 곤충이 미생물과 해충을 먹도록 하는 방법이다. 천적을 외부에서 들여와 밭이나 논에 정착시킴으로써 지속적인 효과를 얻는 것이다. 정착만 시킨다면 지속적인 경제적 효과가 크다는 것이 큰 장점이다. 과수의 경우 연년생 작물이라 이러한 방법이 효과를 거두는 경우가 있으나, 일년생 작물의 경우는 효과를 보는 사례가 거의 없다.

이와는 달리 인위적으로 천적을 풀어서 효과를 거두는 방식도 있다. 이를 '방사 증강법'이라 하며, 대량방사와 예방 방사로 나뉜다. 대량방사는 천적 곤충을 말 그대로 밭이나 논, 비닐하우스 등에 곤충을 많이 넣어 효과를 거두는 방식이다. 일반적으로 비용이 많이 들기 때문에 부가가치가 큰 작물에 이용되는 경우가 많다. 예방방사는 적은 수의 천적 곤충을 밭이나 논, 비닐하우스 등에 넣어두어 예방의 효과를 보는 방식이다. 이때 효과를 보기 위해서는 시기와 밀도가 매우 중요하다.

생태계 순환과 환경 정화

곤충은 자연의 청소부이기도 하다. 우리 주변을 둘러보자. 우리는 잘 먹는 만큼 화장실도 자주 간다. 우리가 음식을 만들 때 보면 채소 찌꺼기와 과일 껍질이 고스란히 싱크대 위에 남겨 있다. 이런 음식물, 배설물은 인간뿐 아니라 자연에 있는 동물에게도 나타난다. 이 동물들에게 곤충은 청소부로서 중요한 역할을 톡톡히 한다.

동식물의 사체는 미생물에 의해 분해되기 전 단계에서 주로 곤충들에 의해 분해가 된다. 특히 이러한 분야에서 산업적으로 활용되는 곤충들을 '환경 정화 곤충'이라고 한다. 대표적인 환경 정화 곤충에는 뿔소똥구리, 집파리, 아메리카 동애등에 등이 있다. 이들은 부패 물질을 분해해 쾌적한 환경을 만드는 데 이바지한다. 딱정벌레 애벌레, 파리, 개미, 흰개미는 곰팡이나 박테리아가 먹을 수 있도록 음식물이나 배설물, 동식물의 사체를 잘 분해한다. 그 외에 파리 구더기나 딱정벌레 유충은 죽은 동물을 잘 처리한다.

이들은 죽은 동식물을 청소하여 자연이 다시 순환하도록 돕는다. 이런 방법을 통해 죽은 동식물이 분해되어 그 안에 있던 미네랄과 영양소가 땅속으로 스며들어 땅을 비옥하게 한다. 이 영양이 가득한 땅에서 식물은 자라게 된다.

호주 쇠똥구리 늘리기

호주에 1788년쯤 육우가 도입되었을 때의 일이다. 점차 소의 똥과 오줌이 땅에 가득하게 되었다. 호주의 쇠똥구리는 호주 소와 캥거루가 싼 배설물의 크기, 질감, 수분 함유량 등 여러 가지에 익숙한 상태였다. 새롭게 들어온 육우의 배설물은 낯설었다. 이 배설물을 처리할 호주 쇠똥구리의 수가 점점 부족해져 폐기물 처리 문제가 긴급한 문제로 떠오르게 되었다.
이 문제를 해결하기 위해 호주 쇠똥구리 프로젝트가 시작되었다. 1960년대부터 해외에서 소똥구리류를 들여와 연구한 것이 환경 정화 곤충 이용의 시초이다. 육우의 배설물을 잘 먹는 남아프리카, 하와이 쇠똥구리를 호주로 들여왔다. 이들 46종 중에서 23종이 호주에 잘 정착하여 문제가 해결되었다. 이후 집파리나 아메리카 동애등에를 이용해 분뇨처리를 하는 연구가 이어졌다.

우리나라에서는 거의 볼 수 없는 곤충이지만, 쇠똥구리는 우리가 잘 알듯이 배설물을 잘 먹는 것으로 유명하다. 24시간 이내에 배설물을 차지함으로써 파리가 몰려드는 것을 막기도 한다. 배설물은 보통 땅 위에 그대로 남아 있다면 영양소의 80%가 공기 중으로 사라진다. 똥 속에 있는 영양분이 쉽게 공기 중으로 사라지거나 바람에 의해 이동하기 때문이다. 그러나 쇠똥구리가 똥을 발견하면 뒷다리를 이용해 똥을 동그랗게 만들어 흙에 굴린다. 어떤 쇠똥구리는 땅 안에 굴을 파서 똥을 채워 넣기도 한다. 이런 쇠똥구리 덕분에 똥 속에 있는 탄소와 미네랄이 땅속에 스며들게 되는 것이다. 이 영양분은 흙과 섞여 부식토가 되어 식물이 흡수할 수 있도록 한다.

약 4천여 종의 쇠똥구리는 각기 취향에 따라 다양한 동물의 배설물을 분해한다. 모든 배설물은 비슷하다고 생각하기 쉽지만, 쇠똥구리가 보기에 동물의 배설물은 크기, 질감, 수분 함유량 등이 다르다. 동물배설물은 다른 종류인 먹이인 셈이다. 각기 취향에 따라 각기 다른 동물의 똥을 분해한다니 생각할수록 신기하지 않은가! 만약 이 똥과 오줌을 인간이 처리한다고 하면 우리는 분뇨처리장을 아마존 곳곳에 만들려고 할 것이다.

우리나라에서는 1990년대 이후 환경보전의 측면에서 배설물과 음식물 쓰레기를 처리하기 위해 소똥구리에 관한 연구를 시작하고 이후 집파리와 아메리카 동애등에를 이용한 연구를 지속하고 있다.

대표적인 환경 정화 곤충인 동애등에는 파리의 일종이다. 주로 재래식 화장실이나 축사, 음식물 쓰레기장 등에서 주로 발견되는데 인간의 거주지로 침입하는 경우는 별로 없으며 성충의 경우 섭식 후 역류가 없어 병 매개가 없다. 성충의 경우 먹이 활동을 하지 않으며 해충으로 분류되지 않는다.

음식물 쓰레기 10kg에 동애등에 애벌레 5천 마리를 투여하면 3~5일 이내에 80% 이상이 분해될 정도로 강력한 섭식 및 소화 능력을 갖추고 있다. 섭식한 애벌레나 번데기는 동물 사료로 이용 가능하므로 그 처리에 있어서 매우 효율적이다. 분해 활동 시에 이산화탄소나 메탄가스를 발생도 거의 없어 친환경적이며 섭식이 끝난 분변토는 퇴비로도 활용할 수 있다.

곤충이 인간에게 주는 혜택

벌꿀이 우리에게 몸에 좋은 음식을 준다면 누에는 우리에게 아름다운 옷감을 선물해 준다. 누에는 1년에 무려 9만 톤의 비단을 만들어낸다. 작은 애벌레가 실을 뽑아내는 것을 엮어낸 비단은 사람들이 아름답게 옷을 입도록 해주었다. 과거 중국으로부터 중앙아시아를 거치는 시르다리야(Syr Darya)와 아무다리야(Amu Darya) 두 강 사이에 주로 수출되는 물건이 비단이라는 사실을 보면, 누에로 만든 옷이 얼마가 귀했는지 알 수 있다.

누에고치는 최근 치과용 차폐막으로 이용된다는 소식이 전해지고 있다. 치과용 차폐막은 손상된 잇몸을 회복하기 위한 잇몸뼈 재생술에 이용되는 것인데, 인공 치아를 이식하는 임플란트 수술 시 잇몸뼈의 양을 늘리기 위해 사용하는 막이다. 이 막은 잇몸뼈가 재생하지 못하도록 방해하는 치료 부위를 움직이지 못하게 한다.

이뿐만이 아니다. 한 마리 누에는 자신의 몸에 단백질을 모아 두었다가 실을 뽑아낸다. 그 길이는 무려 1,500m가 넘는다. 농촌진흥청은 이 실을 이용해 세계 최초로 인공 고막을 개발했다. 일명 '실크 인공 고막'

이다. 실 안에 있는 세리신과 피브로인이라는 단백질을 이용한 것이다. 그동안 사람들은 고막에 구멍이 났을 때 자신의 근육을 떼어 고막에 붙였다. 하지만 근육막을 떼어 내는 수술을 해야 하고 비용이 많이 들었다. 누에로 만든 인공 고막은 피브로인 단백질로 만들어서 인체에 거부 반응을 일으키지 않으면서도 탁월한 치료 효과를 보인다고 한다.

곤충은 먹는 것, 입는 것 외에 고무와 같은 성질을 가지고 있어서 공업 분야와 의료 분야에도 잘 사용된다. 곤충의 단백질인 레실린은 탄력성이 뛰어나 손상된 동맥을 치료할 수 있다. 또 외상, 염증성 상처, 화상 치료를 위해 구더기가 사용되기도 한다. 이 구더기는 실제로 미국 식품의약처(FDA)에서 '의료용 기구'로 인정하고 있다.

구더기가 상처 치료에 사용된 역사는 200여 년 전으로 흘러간다. 당시 프랑스 나폴레옹 군대의 야전 기록에는 구더기의 상처 치유력에 대해 언급하고 있다. 또한 제2차 세계대전이나 미국의 남북전쟁에서도 전쟁 중 다친 병사들의 상처 치료에 구더기를 사용했다.

양(梁)나라의 학자 도홍경의 『신농본초경(神農本草經)』

에는 거머리에 대해 '악혈(惡血)과 어혈(瘀血)을 몰아내고 여성의 무월경을 치료한다', '어혈에 의해 만들어진 배 안의 적취(積聚)와 덩어리를 없애는 작용을 한다'고 기록되어 있다.

모든 구더기가 의료용으로 쓰이는 것은 아니다. 구더기 중에서도 검정파리종인 구금파리의 유충을 의료용으로 사용한다. 이 구더기를 환자의 상처 부위에 풀어놓는다. 그러면 구더기가 소화효소를 상처 주변에 분비해 죽은 조직을 액체로 만든 다음 먹어치운다. 이 과정에서 소화효소에 들어 있는 알란토인 같은 물질이 새살을 돋게 하고 항균 기능도 하는 것이다.

구더기 외에 의료용으로 사용되는 곤충으로 거머리가 있다. 거머리는 과거 우리나라에서도 환자를 치료하는 데 사용되었다. 1613년 허준이 편찬한 『동의보감(東醫寶鑑)』에는 '종기가 생긴 뒤 점점 커지면 물로써 피부의 상처를 씻고 큰 붓 대롱을 한 개 취하여 제일 높은 곳에 세운다. 이후 큰 거머리 한 마리를 대롱 속에 넣은 뒤에 자주 냉수를 떨어뜨려 넣어주면 거머리가 그 정혈의 피고름을 빨아먹어 가죽이 줄어드는데, 이렇게 하면 독이 흩어지고 반드시 낫는다.'는 기록이 있다. 거머리의 의료적 사용에 대해 언급하고 있는 것이다.

현재 우리나라에서는 거머리를 혈액순환을 원활하게 하고 통증을 줄이기 위해 사용한다. 손가락이나 발가락이 잘린 환자의 접합수술을 할 때, 말초혈관이 막혀 조직이 썩어들어 가는 버거씨병 환자를 치료할 때, 새로운 피부 조직을 이식할 때 사용한다.

21세기 곤충 로봇 시대

곤충의 뇌세포는 약 1만 개 정도이다. 그러나 그 처리 속도는 사람보다 훨씬 빠르다. 바퀴벌레를 살펴보자. 방 안에서 바퀴벌레를 발견하면, 어떻게든 바퀴벌레를 잡고자 하지만 내 시야를 쏙 빠져나가 저 멀리 달아난 바퀴벌레를 보게 된다. 바퀴벌레는 어떤 정보를 인식하고 몸을 움직이는 데 걸리는 시간은 0.001초로 사람보다 100배나 빠르다. 그러니 이들의 빠르기를 당해낼 수가 없다. 또 크기가 매우 작아 좁은 공간에서 이동할 수 있다. 뛰어난 후각과 청각으로 목표물을 찾는 능력이 뛰어나 바퀴벌레의 행동능력은 감탄할만하다.

과학자들은 곤충의 이런 장점에 주목했다. 처음에

는 군사 로봇을 만들었다. 초소형 무인 비행체로 만들어 주변의 위험을 감지하는 것이다. 하지만 최근에는 우주 탐사, 인명 구조 등에 널리 사용되고 있다. 또, 사람들이 위험하여 접근하기 어려운 원자력 발전소의 원자로 청소에도 이용되고 있다. 신기한 것은 그동안 우리를 괴롭힌다며 외면하던 개미, 파리, 바퀴벌레의 활약이 돋보인다는 점이다. 각 나라에서는 이런 곤충의 장점을 최대한 살려 다양한 곤충 로봇을 만들고 있다. 곤충을 닮은 로봇을 개발하는 것에서 이제 살아있는 곤충에 장치를 다는 '아이언 맨'과 같은 곤충이 만들어지고 있다.

☑ 개미 로봇, '아이-스웜'

독일 카를스루에대학교에서 만든 이 개미 로봇은 목적 화성 탐사 등 사람이 직접 조종하기 어려운 곳에 가서 탐사한다. 왜 개미 로봇이냐고 물을 것이다. 몸집을 보면 딱 알 수 있는데, 이 '아이-스웜'은 가로세로 2㎜, 높이 1㎜로 개미만 한 크기이다. 이 로봇 안에 작은 GPS가 있다. 그래서 이들을 무리 지어 보면 서로 위치 정보를 주고받을 수 있다.

☑ 초소형 파리 로봇

미국 하버드대학교에서 만든 로봇으로 군사 작전에 주로 사용된다. 진짜 파리처럼 움직이기에 이 로봇이 지나가면 파리가 지나간 것 같은 느낌이 든다고 한다. 파리와 비슷하게 생겼고 무게 60mg 정도에 3cm의 날개가 있다.

☑ 사이보그 딱정벌레

사이보그 딱정벌레
(출처: 위키미디아 커먼스)

미국 방위고등연구계획국(DARPA)에서는 UC 버클리공과대학과 함께 딱정벌레 아이언 맨을 만들고 있다. 딱정벌레가 번데기일 때 칩을 그 몸에 집어넣었다. 딱정벌레는 어른벌레가 되어도 칩이 몸속에 심겨 있다. 딱정벌레에 여러 개의 전극이 뇌와 근육에 연결된다. 그래서 무선 수신기를 통해 딱정벌레를 원하는 대로 움직일 수 있다. 딱정벌레는 다른 곤충들보다 크기가 커서 소형 카메라까지 달 수 있어서 더 유용하다고 한다.

chapter 7

곤충이 환경오염과 어떤 관계가 있을까? 곤충을 많이 키울수록 환경 파괴가 심각해진다면, 아마 식용 곤충은 이 세상에 등장하기도 전에 쓴맛을 보게 되었을 것이다. 결론부터 말하자면 곤충은 환경에 이롭다. 곤충은 식물이 열매를 맺게 도와주고, 보다 많은 식물이 더 다양해지는 데 기여한다. 인간의 먹거리로서 곤충은 인간이 더 건강해지는 데 도움을 준다. 인간이 먹는 육류 대신에 곤충이 먹거리 재료로 사용된다면, 가축에게 드는 많은 양의 물과 사료를 줄이는 데 도움을 줄 수 있다.

햄버거를 먹을수록 아마존이 줄어든다?

곤충에 관해 이야기하기 이전에 햄버거에 대해서 알아보아야겠다. 요즘 사람 중 햄버거를 안 좋아하는 사람이 있을까 싶을 정도로 우리는 햄버거를 많이 먹는다. 햄버거 가게에서 세일을 한다면 순식간에 햄버거가 동이 날 정도로 사람들이 붐빈다. 햄버거 맛은 그 안에 들어간 고기 부분인 패티와 관계된다. 햄버거에 들어가는 고기는 소, 돼지, 닭과 같은 동물로부터 얻는다. 햄버거의 세일 기간이 잦을수록, 햄버거의 가격이 낮아질수록 햄버거 안에 들어간 패티의 가격은 더 저렴해야 할 것이다. 어떻게 하면 패티의 가격을 낮출 수 있을까?

아마존 강에는 약 400개의 섬이 있고 그 섬은 다양한 모양의 호수를 가지고 있다. 면적이 700만㎢에 달하는 아마존 숲은 8개국에 걸쳐 있는데, 그중 40%가 브라질 영토에 속한다. 브라질 정부는 브라질의 경제를 발전시키고자 아마존에 도로를 건설하고 농지

아마존의 개발

를 조성하고 도시화를 이루고 있다. 특히 삼림을 없애고 그 자리에 목초지를 만들어 가축을 키우는 일에 주력하고 있다. 숲으로 가득했던 땅의 70%가 이제 목초지가 되었다. 유럽 한 중앙이 아닌 아마존에서 가축을 키우면 좋은 점이 무엇일까? 아마존 땅은 유럽 땅보다 가격이 저렴하여, 여기서 생산된 고기의 가격은 더 내려가게 된다. 더 저렴한 햄버거를 먹고 있다면 내가 먹은 이 햄버거가 혹시 아마존에서 건너온 소로부터 비롯된 것은 아닌지 생각해보아야 할 것이다.

우리가 소를 먹을 때, 몇 배의 곡물을 먹게 되는 것일까?

사람들이 고기를 많이 먹을수록 동물은 더 많은 사료를 먹어야 한다. 동물 사료는 곡류와 식물 단백질로 만든다. 곡류는 옥수수, 콩을 주로 사용한다. 식물 단백질은 식물 안에 있는 단백질을 말한다. 우리는 단백질을 생각할 때 닭가슴살을 떠올리기 쉽지만, 식물 안에도 좋은 단백질이 가득하다. 노란 완두콩, 대

치아 씨앗

마 씨앗, 쌀, 치아 씨앗과 클로렐라, 케일, 브로콜리는 단백질을 가지고 있다.

가축은 식물을 통해서 단백질을 먹는다. 즉 식물의 열매를 먹거나 그 열매를 가공하여 얻은 단백질을 먹는다. 소에게 완두콩 자체를 주거나, 완두콩 안에 있는 단백질을 화학적으로, 물리적으로 뽑아서 사료로 만든 다음 소에게 준다. 만약 이 사료가 소로부터 얻은 단백질이라면 아주 문제가 커질 것이다.

> *사료 10kg을 소에게 먹이면*
> *1kg의 쇠고기를 얻을 수 있지만,*
> *그 사료를 메뚜기에게 먹이면*
> *9kg의 메뚜기 고기를 얻을 수 있다.*

Pimental은 2003년에 소나 돼지와 같은 가축에게서 우리가 먹고 싶은 살코기(동물 단백질)를 얻으려면 얼마만큼 사료가 필요할지 연구했다.

보통 소에게 1kg 살코기를 얻으려면, 무려 6kg의 사료를 먹어야 한다. 우리가 1kg의 쇠고기를 먹는다면 우리는 6kg의 곡물을 먹은 것과 마찬가지이다. 어마어

마하지 않은가?*

자연의 입장에서 보면 인간이 옥수수를 먹은 경우와 인간이 옥수수를 소에게 먹이고, 그 소를 인간이 먹는 경우는 차이가 크다. 우리는 옥수수를 먹을 때보다 소에게 옥수수를 먹이고 그 소를 우리가 먹게 될 때 자연에서 부담하는 양이 더 크다. 우리가 소를 먹을 때 곡물을 6배나 더 소비한 셈이다.

아래 그림에서 오른쪽 막대 그래프를 눈여겨보자. Van Huis가 2013년에 연구한 아래의 표에서 오른쪽 막

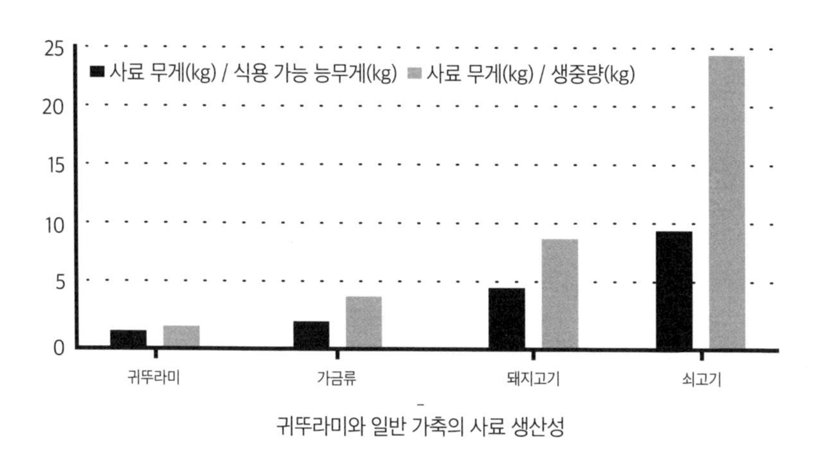

귀뚜라미와 일반 가축의 사료 생산성

* 그럼 열량은 어떨까? 물론 칼로리를 계산해보면 이 계산이 딱 맞아떨어지는 것은 아니다. 동물은 사료를 먹고 똥을 싸기도 하고, 자신의 몸을 따뜻하게 데우는 데 사용하기도 하기 때문이다.

대기는 사료 무게를 생중량으로 나눈 것이다. 1kg 살코기를 얻는 데 필요한 사료의 무게이다. 1kg 살코기를 얻기 위해서, 귀뚜라미는 0.3kg, 돼지고기는 9kg, 쇠고기는 무려 24kg의 사료가 필요하다. 결과적으로 우리가 1kg 사료를 얻으려고 할 때, 귀뚜라미는 돼지고기나 쇠고기보다 더 작은 양으로도 가능하다는 것이다.

또한 Nakagaki와 친구 DeFoliart는 1991년에 귀뚜라미, 돼지고기, 쇠고기에서 '식용 가능한 부분이 어느 정도일까?'에 대한 연구를 했는데, 식용할 수 있고 소화하기 쉬운 부분이 귀뚜라미가 80%로 제일 많다는 결론이 나왔다. 닭과 돼지는 55%, 소는 40%였다. 즉 귀뚜라미는 고기에 필요한 사료보다 닭보다 2배, 돼지보다 4배, 소보다 12배 이상 뛰어난 것이다.

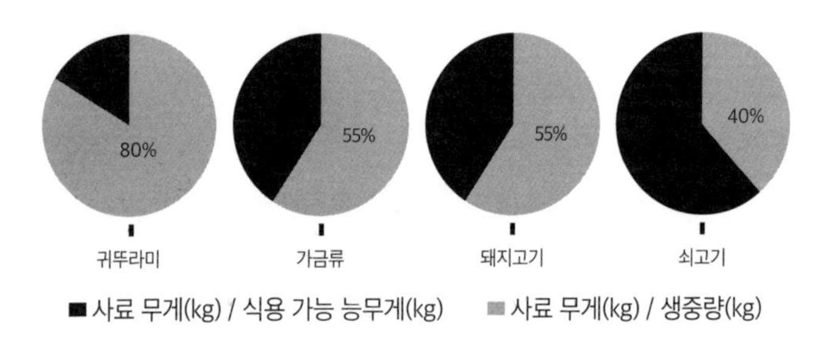

귀뚜라미와 일반 가축의 식용 가능한 비율

방귀 냄새는 가축과 곤충 중 누가 더 독할까?

방귀는 소리와 냄새로 늘 주변의 관심을 쏠리게 한다. '방귀를 참으면 암에 걸린다', '방귀를 참으면 피부에 안 좋다'와 같이 방귀를 둘러싼 이야기가 참 많다. 방귀 소리는 참을 만한데 냄새는 주변 사람의 얼굴을 찌푸리게 한다. 그 이유는 무엇일까?

방귀는 질소, 수소, 암모니아* 등으로 구성된다. 여기서 냄새의 주범인 암모니아에 주목해보자. 방귀를 오래 참으면 일부가 몸에 흡수되기도 한다. 이때 방귀 성분 중 암모니아가 몸에 흡수되면 간의 기능이 떨어질 수 있다. 방귀가 나올 때는 참지말고 뀌어야 한다.

방귀는 인간만이 아니라 소, 돼지도 뀐다. 신기하게도 귀뚜라미, 거저리와 같은 곤충도 암모니아를 내뿜는다. 곤충도 똥을 싸는데 이때 암모니아도 배출된다.

동물들이 싼 똥은 암모니아가 가득하며 냄새를 뿜어내는 것과 동시에 축산 폐기물로 환경오염을 일으

---

* 암모니아(ammonia, 화학식은 NH3)
  무색이며 기체이고 고약한 냄새가 난다. 질소와 수소의 화합물이며 물에 잘 녹는다. 비료를 만드는 데 쓰이기도 한다.

킨다. 암모니아를 잔뜩 포함하는 축산 폐기물인 분뇨가 흙에 오랫동안 쌓이면 흙이 산성화되어 땅의 비옥토를 떨어뜨린다. 강이나 바다에 들어가면 부영양화를 일으키기도 한다.

돼지와 귀뚜라미 중 어느 것이 암모니아를 많이 내뿜어 낼까? 2010년 Oonincs와 그의 친구들이 돼지와 귀뚜라미의 암모니아 생산량을 연구한 결과가 있다. 그래프를 보면 돼지보다 거저리, 귀뚜라미, 비황이 훨씬 암모니아를 적게 배출한다는 것을 알 수 있다.

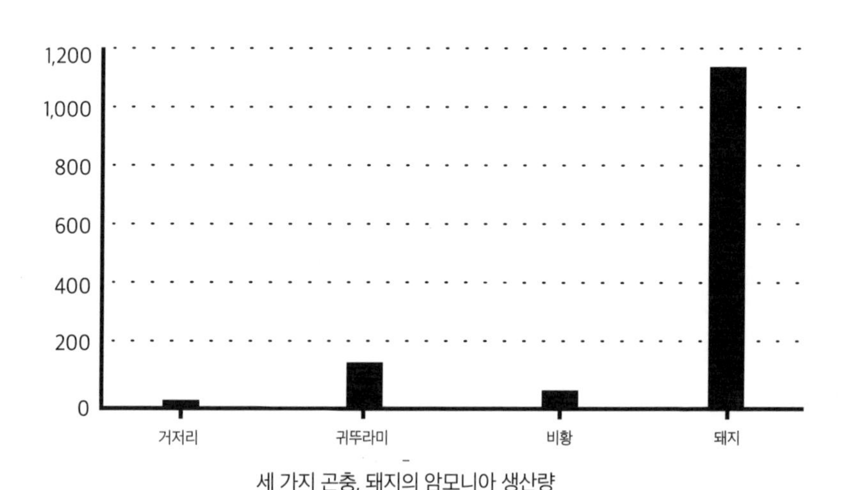

세 가지 곤충, 돼지의 암모니아 생산량

에코디테라(Ecodiptera) 프로젝트

분뇨를 잘 처리하는 곤충에 대해 잠깐 이야기해보자. 2004년 유럽 전 진역에서 엄청난 양의 돼지 똥을 더 효율적으로 활용하기 위해 프로젝트가 시작되었다. '에코디테라(Ecodiptera)' 프로젝트이다.
비료가 많아지면 흙과 물에 스며들어 영양소가 많이 축적되고, 온실가스 등 환경 문제를 일으킬 수 있다. 분뇨가 많아질수록 인간과 동물 사이에 병원균이 확산될 수 있다.
분뇨를 잘 처리할 수 있는 방법이 무엇일까? 이 프로젝트는 분뇨를 처리하는데, 곤충을 이용했다. 파리 유충을 이용해서 분뇨를 비료와 단백질로 바꾼 것. 스페인 알리칸테 대학교 연구진은 동물의 똥을 줄이기 위한 수단으로 파리 유충을 활용한 결과를 발표했다. 스페인 베니돔(Benidorm)에서 시험 공장을 만들어, 공원 내 동물들이 싼 똥의 90%를 파리 유충이 제거한 것을 성공한 것이다.
우리가 평소 혐오하는 파리가 이렇게 유용한 역할을 할 수 있다. 우리는 여기서 한 가지 교훈을 얻게 된다. 우리가 당장 필요 없다고 생각하는 작은 생물이 어쩌면 우리에게 가장 필요한 순간이 올 수 있다.
슬로바키아에서는 닭 분뇨용 기술을 바꾸어 파리 유충으로 돼지 슬러지를 분해하는 기술을 개발했다. 이때 파리가 잘 자랄 수 있도록 파리 군집을 유지하며 최적의 조건에서 성장하도록 하였다.
'에코디테라' 프로젝트는 파리가 번데기 단계에 도달했을 때 수산양식에서 단백질 사료로 사용할 수 있다고 밝혔다.

곤충도 메탄을 내뿜어, 지구온난화를 일으킬까?

지구온난화는 전 지구적으로 큰 문제이다. 오랫동안 유지해온 지구의 평균온도가 균형을 잃고 점점 오르기 때문이다. 지구온난화로 인해 여름이 갑자기 추워지거나 겨울이 더워지기도 하는 기상 기온 현상이 나타나기도 한다.

지구온난화를 일으키는 주범으로 우리는 이산화탄소를 꼽는다. 이산화탄소 외에도 메탄, 이산화질소 등이 있는데, 이렇게 지구온난화를 일으키는 기체를 '온실기체'라고 한다. 신기하게도 각 기체가 같은 비중으로 지구온난화에 이바지하는 것이 아니다.

지구온난화지수를 가지고 지구온난화 기여도를 측정하는데, 이산화탄소를 기준으로 한다. 이산화탄소가 지구온난화지수 '1'이고, 메탄은 '23'이고, 이산화질소는 '289'이다.

동물의 분뇨에서 메탄과 이산화질소가 나오기도 하는데, 이들은 모두 온실기체이다. 다음 표를 보자. 전 세계 배출량에서 메탄과 이산화질소는 많은 부분을 차지하고 있다.

분뇨가 온실가스 배출에 미치는 영향			
	이산화탄소(Co2)	메탄(CH_4)	이산화질소(N_2O)
전 세계배출량 비율	9	35~40	65
배출원	사료 곡물용 비료 생산, 농장 에너지 소비, 사료 운송, 축산물 처리, 가출 운송, 토지 이용 변경	반추동물의 장내 발효 및 가축 분뇨	농장 분뇨

2008년 Bonneau의 연구에 의하면 소와 돼지와 같은 가축으로 인해 발생하는 온실가스는 주로 이산화탄소, 메탄, 이산화질소이다.

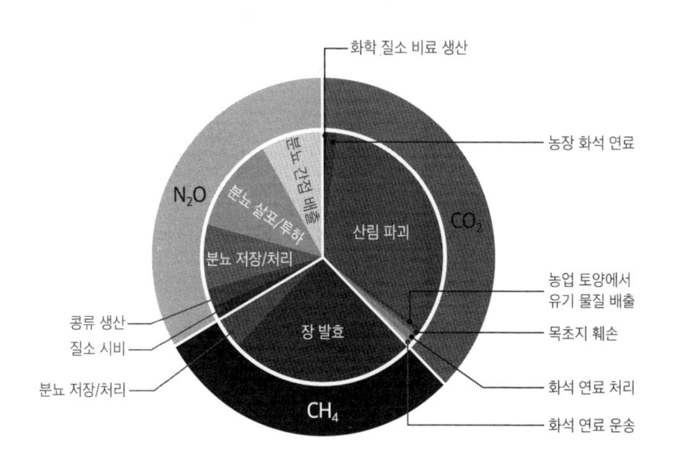

가축으로 인한 지구온난화지수

- 메탄은 소와 같이 되새김질하는 동물의 장이나 분뇨에서 나온다. 분뇨를 처리할 때 나온다.
- 이산화질소는 분뇨를 저장하거나 살포하게 될 때 주로 나온다.
- 이산화탄소는 삼림 파괴함으로써 나타나는데, 숲을 태울 때 특히 많이 발생한다.

곤충은 온실기체를 발생시킬까? Hackstein과 친구인 Stumm이 1994년 곤충과 온실기체에 관해 연구한 내용을 보면, 곤충 중 바퀴벌레와 흰개미, 풍뎅이만 메탄을 발생시키는데, 이들이 메탄을 발생시키는 것은 이 곤충이 메탄생성세균*에 속하는 균을 가지고 있기 때문이다.

식용 곤충으로 간주하는 곤충인 거저리 유충, 귀뚜라미, 비황 등은 지구온난화지수가 돼지나 소보다 훨

---

* **메탄생성세균**
메탄을 만드는 세균이다. 일부 바퀴벌레와 흰개미, 풍뎅이 장 안에 들어있다. 이 세균은 산소가 없는 환경에서 살면서 생화학 발효과정을 통해 메탄을 만든다.

씬 낮다. 연구자들은 100배 정도 낮다고 밝힌다. 이 연구 결과를 낸 Ooonincs와 그의 친구들은 2010년에 최근 서구 사람들이 먹거리로 가치가 있다고 한 곤충 몇 가지가 지구온난화에 어느 정도 이바지하는지 돼지와 비교했다.

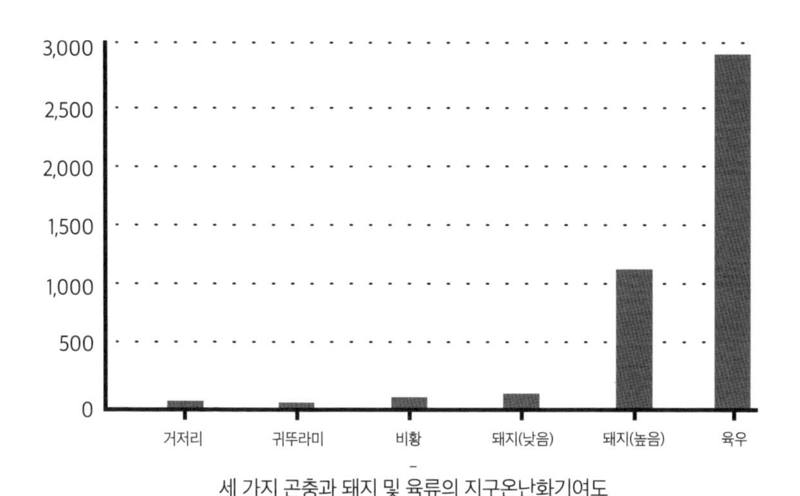

세 가지 곤충과 돼지 및 육류의 지구온난화기여도

거저리 유충, 귀뚜라미, 비황은 돼지보다 암모니아 배출량이 적다. 또 소보다는 아주 많이 적다. 이들 곤충은 돼지보다 약 10배 정도, 소와 같은 육우에 비교해 20배 이상 적다. 지구온난화지수가 그만큼 적다는 것은 지구온난화에 적게 일으킨다는 것이다.

<참고문헌>

- Decary, R. 1937. L'entomophagie chez les indigènes de Madagascar. Bulletin de la Société entomologique de France (9 Juin 1937), pp. 168-171.
- Jongema, Y. 2012. List of edible insect species of the world. Wageningen, Laboratory of Entomology, Wageningen University. (available at www.ent.wur.nl/UK/Edible+insects/Worldwide+species+list/).
- Pagezy, H. 1975. Les interrelations homme faune de la foret du Zaire. l'Homme et l'Animal, Premier Colloque d'Ethnozoologie, pp.63- 68. Paris, Institut International d'Ethnosciences.
- Roulon-Doko, P. 1998. Chasse, cueillette et cultures chez les Gbaya de Centrafrique. Paris, L'Harmattan.
- Takeda, J. & Sato, H. 1993. Multiple subsistence strategies and protein resources of horticulturists in the Zaire basin: the Nganda and the Boyela. In C.M. Hladik, A. Hladik, O.F. Linares, H. Pagezy, A. Semple & M. Hadley, eds. Tropical forests, people and food: biocultural interactions and applications to development. Man and the Biosphere Series, 13. Paris, United Nations Educational, Scientific and Cultural Organization.
- Vantomme, P., Göhler, D. & N'Deckere-Ziangba, F. 2004. Contribution of forest insects to food security and forest conservation: The example of caterpillars in Central Africa. Odi Wildlife Policy Briefing, 3.
- Yhoung-Aree, J. & Viwatpanich, K. 2005. Edible insects in the Laos PDR, Myanmar, Thailand, and Vietnam. In M.G. Paoletti, ed. Ecological implications of minilivestock, pp. 415- 440. New Hampshire, Science Publishers.
- <식용 곤충으로 만든 요리!>, 이데일리뉴스, 2016.08.25
- <식용 곤충, 식량난 해결할 고단백 영양식?>, 헤럴드 뉴스, 2014.11.4
- <쇠똥구리 예찬>, 경향신문, 2004.06.02
- FAO 보고서(번역판), 2012
- 김연중, 한혜성, 박영구, 『미래농업으로 곤충산업 활성화 방안』, 2015, 농촌경제연구원
- 어린이과학동아, <지금은 곤충시대>, 2011년 08호

- 영월곤충박물관(www.insectarium.co.kr)
- KBS, 〈벌레에서 산업으로 곤충의 재발견〉, 2015.11.08
- 허준. 『동의보감(東醫寶鑑)』
- 중국, 『산해경(山海經)』
- 중국, 『본초강목(本草綱目)』
- 중국, 『세원록(洗寃錄)』 5권 중 2권 『의난잡설(疑難雜說)』
- 벤스벅스 홈페이지(http://bensbugs.be/)
- 엔토모팜 인스타그램(https://www.instagram.com/entomofarms)
- 지미즈 홈페이지(https://www.jiminis.co.uk)
- 식스푸드홈페이지(http://www.sixfoods.com/)
- 엑소 홈페이지(https://exoprotein.com)
- 차플 홈페이지(https://chapul.com/)
- 코네티컷 대학교 홈페이지(http://uconn.edu)
- 이더블버그 홈페이지(https://edible-bug.com/)
- 한국곤충산업협회 홈페이지(http://e-kiia.org/)
- Gene DeFloiart 사이트(http://labs.russell.wisc.edu/insectsasfood/news/)
- 농촌진흥청 국립농업과학원 곤충산업과. 『동애등에 사육과 이용기술 매뉴얼 동애등에 잘 키우기』, 2012
- 박진. 『해외 도시양봉의 현황과 사례』, 2016 세계농업 제191호, 한국농촌경제연구원
- 국립농업과학원 농업생물부, 『농업생물 주요연구성과』, 2016
- 농촌진흥청 국립농업과학원, 『고소애로 만든 환자식 메뉴』, 2016
- 농촌진흥청 국립농업과학원, 『식용 곤충 메뉴개발 및 사육기술 표준화』, 2016
- 농촌진흥청 국립농업과학원, 『고소애로 만든 한식』, 2016
- 농촌진흥청, 『곤충산업 농업기술길잡이』, 2014
- 농촌진흥청, 『알기 쉬운 산업곤충 사육기준 및 규격』, 2017
- 농촌진흥청, 국립농업과학원, 『식용 곤충 메뉴개발 및 사육기술 표준화』, 2016
- 농촌진흥청, 『표준영농교본180 ? 애완학습곤충』, 2011
- 농림축산식품부(www.mafra.go.kr)
- 사진 제공: 이더블버그, 전남 곤충잠업연구소 강성주 농업연구사, 전윤석 (시홍 아이벅스캠프)

딜리셔스 벅스

미래 식량, 식용 곤충 이야기

1판 1쇄 발행 2019년 11월 25일
1판 2쇄 발행 2021년 7월 13일

지은이 서은정, 류시두
펴낸이 안성호 | 편집 조경민 조현진 | 디자인 이보옥
펴낸곳 리잼 | 출판등록 2005년 8월 9일 제 313-2005-000176호
주소 05307 서울시 강동구 상암로 167, 7층 702호
대표전화 02-719-6868 팩스 02-719-6262
홈페이지 www.rejam.co.kr 전자우편 iezzb@hanmail.net

* 책값은 뒤표지에 표시되어 있습니다.

「이 도서의 국립중앙도서관 출판예정도서목록(CIP)은 서지정보유통지원시스템 홈페이지(http://seoji.nl.go.kr)와 국가자료종합목록 구축시스템(http://kolis-net.nl.go.kr)에서 이용하실 수 있습니다. (CIP제어번호 : CIP2019046407)」

ISBN 979-11-87643-80-7

※ 이 도서는 한국출판문화산업진흥원의 '2019년 우수출판콘텐츠 제작 지원' 사업 선정작입니다.